UNREAL ENGINE
虚拟现实开发

王晓慧 崔磊 李志斌 著

人民邮电出版社

北京

图书在版编目（ＣＩＰ）数据

Unreal Engine虚拟现实开发 / 王晓慧，崔磊，李志斌著. —— 北京：人民邮电出版社，2018.9
ISBN 978-7-115-48664-6

Ⅰ.①U… Ⅱ.①王… ②崔… ③李… Ⅲ.①游戏程序—程序设计 Ⅳ.①TP317.6

中国版本图书馆CIP数据核字(2018)第129281号

内 容 提 要

虚幻引擎（Unreal Engine）是目前世界知名度高、应用广泛的游戏引擎之一，全新版本的虚幻引擎4（Unreal Engine 4，UE4）非常强大且灵活，为设计人员提供了一款高效的设计工具。

本书通过 8 章内容讲解了虚幻引擎 4 的一系列功能及项目制作流程。读者可以循序渐进地学习本书，全面认识 UE4 并了解它的操作界面，同时实际尝试各种设计技巧和案例，并最终将项目发布完成。

本书适合虚幻引擎美术师、爱好者和从业者学习，也适合熟悉其他游戏引擎并想学习使用虚幻引擎的读者使用，也可供数字媒体或计算机相关专业的学生参考学习。

◆ 著　　　王晓慧　崔　磊　李志斌
责任编辑　胡俊英
责任印制　马振武

◆ 人民邮电出版社出版发行　北京市丰台区成寿寺路 11 号
邮编 100164　电子邮件 315@ptpress.com.cn
网址 https://www.ptpress.com.cn
北京捷迅佳彩印刷有限公司印刷

◆ 开本：800×1000　1/16
印张：13.25　　　　　　　2018 年 9 月第 1 版
字数：351 千字　　　　　　2024 年 8 月北京第 21 次印刷

定价：89.90 元

读者服务热线：**(010)81055410**　印装质量热线：**(010)81055316**
反盗版热线：**(010)81055315**
广告经营许可证：京东市监广登字 20170147 号

作者简介

王晓慧，北京科技大学机械工程学院工业设计系副教授，2014 年博士毕业于清华大学计算机系。研究方向包括情感计算、虚拟现实、大数据处理与可视化、交互设计、数字化非物质文化遗产等。在 *IEEE Transactions on Affective Computing*、*The Visual Computer*、*ACM Multimedia*、*ICIP* 等重要的国际刊物和会议上发表论文 20 余篇。主持国家自然科学基金项目 1 项、北京市社会科学基金项目 1 项、北京市科技计划项目 1 项、中国博士后科学基金项目 1 项、中央高校基本科研业务费项目 1 项、CCF-腾讯犀牛鸟创意基金项目 1 项、北京科技大学 - 台北科技大学专题联合研究计划项目 1 项、横向项目多项；参与"973"项目 1 项、国家自然科学基金面上项目 2 项。其中，自主研发的虚拟现实数字工厂系统擅长大规模模型处理，已成功应用于核电站、石化、检测仪器等工业领域。出版译著《精通 Unreal 游戏引擎》《网络多人游戏架构与编程》。获得软件著作权 3 项，获 ACM Multimedia 2012 重大技术挑战奖、IBM Ph.D. Fellowship award 等多项荣誉。除此之外，还担任期刊 *International Journal of Communication Systems*、*Neurocomputing*、自动化学报等的审稿人，国际会议 AIMS2018 的会议主席。主讲本科生课程"交互设计技术""信息可视化"和"游戏设计"，主讲研究生课程"人工智能技术与设计应用"。个人邮箱 xiaohui0506@foxmail.com。

崔磊，资深交互新媒体设计师，2013 年光华龙腾设计十杰提名奖获得者，北京虚实空间科技有限公司联合创始人。20 世纪 90 年代中前期开始接触个人电脑，大学期间就开始利用三维绘图软件进行建筑效果图的创作。2001 年于北京工业大学建筑系获得建筑学学士学位。2004 年赴瑞典留学，先后获得瑞典工学院（KTH）管理专业和查尔莫斯工学院新媒体艺术专业硕士学位。在瑞典期间开始从事人机交互、虚拟现实、信息可视化传达等领域的创意策划与设计工作，多个作品在欧洲新媒体展展出。2007 年回国后，主持并参与了奥运会与世博会期间多个大型展示馆的人机交互展示项目。在虚拟现实、人机交互等领域有着极其丰富的经验和敏锐的视野。2014 年起在北京工业大学艺术设计学院任客座讲师，主讲"数字化信息传达"课程。

李志斌，自幼学习绘画，有着深厚的传统绘画艺术功底，对艺术有着执着的追求，虽然跨界到计算机视觉艺术领域，但坚持认为，万变不离其宗，美的标准是不变的。在虚幻引擎（UE4）美术方面有深厚的造诣和执着追求。2000 年毕业于湖南科技大学艺术学院油画专业。2001 年中国传媒大学动画学院进修三维动画并取得 Autodesk 官方认证的 3ds Max 认证教师和认证工程师资格。2003 年加入北京无限影像科技有限公司，担任动画部门（海外部）主管，其间参与并主导了大量海外建筑视觉表现和动画演示。2006 年开始探索早期虚拟现实领域，并积累下丰富的开发经验，并为中国安检行业巨头同方威视成功开发安检虚拟现实交互应用。2008 年参与奥运场馆水立方灯光展示动画。2010 年起创业至今，成功完成北京天坛公园复原和改造动画、颐和园复原动画、圆明园复原动画、VR 兵马俑、VR 金山岭长城、VR 圆明园之海晏堂、VR 乐山大佛等颇具影响力的虚拟现实体验项目。

前　言

背景

　　近 20 年来，计算机技术飞速发展。互联网、人工智能、大数据、移动网络、虚拟现实等概念层出不穷，同时给我们的生活带来了极大的影响。虚拟现实（Virtual Reality）正是随着计算机技术和互联网的发展，进入大家视野的事物。从20 世纪 60 年代就开始萌芽的虚拟现实技术在之前五六十年的发展中基本上是停留在实验室阶段，同时产生过一些商业上并不成功的产品。然而从 2014 年开始，普通消费者级别的虚拟现实眼镜面世，实惠的价格、优秀的用户体验，让人们初尝沉浸式立体视觉的神奇之处，随之而来的就是虚拟现实的新一次浪潮。

　　在过去的几年中，虚拟现实主要以硬件发展为主，Facebook、Google、高通、微软、HTC 等国际知名科技公司都开始进入虚拟现实设备的研发和推进领域。国内的大型互联网公司与科技公司也在纷纷进行虚拟现实战略的布局。据权威机构分析，到 2022 年，虚拟现实硬件的市场规模都会以每年翻倍的趋势高速发展，很快将成为人们日常生活中重要的电子设备之一，人们会将一部分娱乐、工作、学习和社交的时间花费在虚拟现实中。

　　在虚拟现实硬件高速发展普及之后，虚拟现实产业将迎来软件和内容方面的爆发，其增长势头将超过硬件的发展。众多主流游戏引擎和图形工具均开始支持市场上的虚拟现实硬件，为内容的生产提供了众多选择与基础技术保障。虚拟现实真正爆发的基础就是硬件的普及和真正爆款虚拟现实应用的诞生。

写作本书的目的

作为老牌游戏引擎和优秀的数字三维制作工具，虚幻引擎（Unreal Engine 4）自然不会错失这个市场机遇，开始支持虚拟现实的开发。经过多个版本的迭代（UE4 的 4.3 版本开始支持虚拟现实开发，本书成稿时为 UE4 4.19 版本），UE4 依靠强大的图形表现力、便捷的虚拟现实开发工具，成为开发者青睐的主流虚拟现实开发工具之一。

但对于国内市场而言，Unity 3D 引擎的普及时间长，开发者众多，培训和教程更加丰富。虚幻引擎 4 虽然具有众多优秀的品质，但是要达到真正普及还需要一定的时间。市面上虚幻引擎 4 的培训课程、教程等相对匮乏，很多爱好者和从业人员想学习虚幻引擎 4 却不知道如何下手。这便是我们写作本书的主要原因。本书结合实战案例，由浅入深地介绍了虚幻引擎 4 美术部分的功能、制作流程、相关技能以及怎样进行初级虚拟现实的开发。读者跟随本书按部就班地学习之后，除了对虚幻引擎 4 的基础知识将有所掌握以外，还能够独立完成一个小规模的虚拟现实游览项目，为以后的进阶学习打下基础。

希望读者通过学习本书，都能快速成为具有虚幻引擎 4 实战能力的人员，在提高自己职业技能的同时，为虚拟现实事业的发展出一份力。

目标读者

本书的目标读者如下：

➢ 虚幻引擎美术师；

➢ 虚拟现实爱好者和从业者；

➢ 熟悉其他游戏引擎想学习虚幻引擎的人；

➢ 数字媒体专业或计算机相关专业的学生。

如何阅读本书

本书的结构是按照从浅到深的学习顺序进行编写的，全书共分为 8 章。

第 1 章是绪论，简述了虚拟技术的源起、发展过程、当前的发展状况、主流的虚拟现实硬件和工具、虚拟现实的应用领域和场景以及对未来发展的一些展望，让读者对虚拟现实有一个初步全面的了解。

第 2 章是虚幻引擎入门，介绍如何安装虚幻引擎 4 和创建项目，简述虚幻引擎 4 的操作界面。

第 3 章是样板间场景创建，包括模型简化、模型分层和 UV 贴图设置等模型处理，从 3ds Max 中将模型导出为 UE4 可用的模型，并导入 UE4，最终创建样板间场景。

第 4 章是材质操作，介绍用于材质操作的材质编辑器，讲解如何创建不同类型的材质，包括漆面、玻璃、金属、墙面、木质、布料等。

第 5 章是光照设置，介绍定向光源、点光源、聚光源和天空光照 4 种光照设置。

第 6 章是后期处理，讲解如何进一步提升场景的视觉效果。首先为样板间营造一个真实的室外环境，其次介绍基于 Post Process Volume（后期处理体积）的后期处理特效。

第 7 章是虚拟现实硬件接口，介绍如何设置在两大主流的 VR 设备 HTC Vive 和 Oculus Rift 上使用 UE4 项目。

第 8 章是项目发布，介绍项目发布时的设置，展示样板间的最终效果。

致谢

虚拟现实（VR）是人类从二维显示向三维显示过渡的重要标志，整个行业都在快速地迭代和创新。虽然虚拟现实技术与引擎版本发展迭代很快，而本书从想法诞生到出版上市的时间周期较长，但我们仍对书中讲授的案例和方法充满信心，这些信心来自于北京虚实空间所有员工的帮助和支持。

北京虚实空间科技有限公司是拥有国际制作水准的 VR 公司，其文创类作品 VR 兵马俑、VR 长城、VR 圆明园曾多次代表国家参加国际文化交流，并多次摘得行业大奖。

衷心希望本书的出版可以启发更多的有识之士加入到 VR 行业，因为 VR 是科技发展的必然趋势，更是我们不可逆的未来。

资源与支持

本书由异步社区出品，社区（https://www.epubit.com/）为您提供相关资源和后续服务。

配套资源

本书提供源代码，要获得该配套资源，请在异步社区本书页面中点击 配套资源 ，跳转到下载界面，按提示进行操作即可。注意：为保证购书读者的权益，该操作会给出相关提示，要求输入提取码进行验证。

如果您是教师，希望获得教学配套资源，请在社区本书页面中直接联系本书的责任编辑。

提交勘误

作者和编辑尽最大努力来确保书中内容的准确性，但难免会存在疏漏。欢迎您将发现的问题反馈给我们，帮助我们提升图书的质量。

当您发现错误时，请登录异步社区，按书名搜索，进入本书页面，点击"提交勘误"，输入勘误信息，点击"提交"按钮即可。本书的作者和编辑会对您提交的勘误进行审核，确认并接受后，您将获赠异步社区的 100 积分。积分可用于在异步社区兑换优惠券、样书或奖品。

扫码关注本书

扫描下方二维码，您将会在异步社区微信服务号中看到本书信息及相关的服务提示。

与我们联系

我们的联系邮箱是 contact@epubit.com.cn。

如果您对本书有任何疑问或建议，请您发邮件给我们，并请在邮件标题中注明本书书名，以便我们更高效地做出反馈。

如果您有兴趣出版图书、录制教学视频，或者参与图书翻译、技术审校等工作，可以发邮件给我们；有意出版图书的作者也可以到异步社区在线提交投稿（直接访问 www.epubit.com/selfpublish/submission 即可）。

如果您是学校、培训机构或企业，想批量购买本书或异步社区出版的其他图书，也可以发邮件给我们。

如果您在网上发现有针对异步社区出品图书的各种形式的盗版行为，包括对图书全部或部分内容的非授权传播，请您将怀疑有侵权行为的链接发邮件给我们。您的这一举动是对作者权益的保护，也是我们持续为您提供有价值的内容的动力之源。

关于异步社区和异步图书

"异步社区"是人民邮电出版社旗下 IT 专业图书社区，致力于出版精品 IT 技术图书和相关学习产品，为作译者提供优质出版服务。异步社区创办于 2015 年 8 月，提供大量精品 IT 技术图书和电子书，以及高品质技术文章和视频课程。更多详情请访问异步社区官网 https://www.epubit.com。

"异步图书"是由异步社区编辑团队策划出版的精品 IT 专业图书的品牌，依托于人民邮电出版社近 30 年的计算机图书出版积累和专业编辑团队，相关图书在封面上印有异步图书的LOGO。异步图书的出版领域包括软件开发、大数据、AI、测试、前端、网络技术等。

异步社区

微信服务号

目　　录

**第1章
绪论**

1.1 引言

"THE BEST WAY TO PREDICT THE FUTURE IS TO INVENT IT."

—— Alan Kay

······

今早的世界史课上，阿万诺维奇就用一个独立的模拟进程，带领我们目睹了公元 1922 年埃及考古学家发掘图坦卡蒙法老墓葬的场景。（昨天我们还在同样的地方见证了公元前 1332 年图坦卡蒙王朝的辉煌。）

第二节生物课上，我们又穿行在人类的动脉之中，感受着心脏的跳动，就像在看老电影《神奇旅程》。

而在艺术课上，我们每个人都分到一顶无檐软帽，并戴着它参观了卢浮宫；

到了天文课，我们又登上了木星的每一颗卫星。我们站在遍布火山口的地表，听老师解释火山口的形成过程。讲课的时候，木星遮住了半个天空，大红斑就在老师左肩的位置上翻腾。后来她捏了捏手指，我们便到了欧罗巴，开始讨论冰层之下生物存在的可能性。

上面的文字出自恩斯特·克莱恩（Ernest Cline）的科幻小说《头号玩家》（*Ready Player One*），对于未来课堂的描绘让我们觉得那是个还很遥远的未来，但实际上随着计算机硬件与软件的发展，计算性能的提升，书中描写的情节已经能够在我们的生活中重现，这里面所依托的技术就是时下非常热门的"虚拟现实"（Virtual Reality，VR）技术。

单从字面上看，"虚拟现实"（Virtual Reality）一词本身就包含着悖论，既然是虚拟的，又为什么称作现实？既然是现实，又何来虚拟？但这恰恰是这个矛盾的统一体，从出现伊始就开始激发艺术家和计算机科学家的丰富想象力，在文化创意产业、娱乐经济中显示了广泛的应用前景。目前流行的最简明扼要的解释是，虚拟现实是一种由计算机生成的沉浸性、交互性的体验。"虚拟"和"现实"两个词语的组合恰恰体现出虚拟现实技术的两个核心特点：第一是内容由计算机三维数字技术制作完成，第二是呈现给体验者近似逼真的现实环境体验。

虚拟现实这个概念从广义上来讲可以涵盖到电影、动画、游戏等诸多领域，而本书中的虚拟现实概念则是狭义的，它仅指"沉浸式虚拟现实"（Immersive Virtual Reality）。事实上，在没有亲身体验过沉浸式虚拟现实技术之前，可能难以想象到虚拟现实技术的不可思议。它已经完全超越了目前我们对计算机图形图像技术（三维动画、影视特技、三维游戏等）的认知，将我们带入一个完全由计算机产生却几近真实的虚拟世界。所以建议大家有机会一定要亲身体验沉浸式虚拟现实设备（主流的设备都会在后面的章节中提到），相信体验之后大家对虚拟现实会有更加深刻的了解。

接下来的内容，将简要叙述虚拟现实的发展史、现状和对未来的展望，以便能让读者先对虚拟现实形成一个整体概念。在学习虚拟现实引擎的同时，建议查阅更多的相关资料，形成自己对虚拟现实的独特见解，为创作出更加有创造力的虚拟现实作品打下基础。

1.2 虚拟现实发展简史

1.2.1 早期发展

纵观人类的历史，在不同的时间阶段，人们都在尝试用当时最先进的技术创造沉浸式的体验场景。从远古时期的洞穴岩画到文艺复兴时期的穹顶艺术，到电影技术蓬勃发展时期的球幕影院，再到时下最热门的虚拟现实技术，随着人类社会科技水平的发展，我们创造出越来越接近真实的虚拟世界。由于很多技术手段并非是使用计算机数字技术的，所以我们将这些统称为"人造现实"，而"虚拟现实"正是在计算机数字图形图像技术兴起后的产物。

从前面所举的例子可以看出，在各个历史阶段人们主要将技术运用在传达视觉元素上。的确，科学研究表明，一个感官健全的人日常获取的信息中有70%～80%是通过视觉。也就是说，如果想对人们感情、情绪或者深层次的心理产生影响，首先需要给他们造成视觉上的信息冲击。所以不论是教堂穹顶画这样的"人造现实"还是"虚拟现实"，都会先在视觉信息载体上进行突破。俗话说"好钢用在刀刃上"，开发者们也深谙此道，将有限的时间和资金首先运用在视觉呈现技术上，这也就解释了为什么目前市场上虚拟现实眼镜产品繁多，但是有触觉反馈的控制器、虚拟现实中的立体声和嗅觉味觉模拟这些为其他感官进行信息传达的技术发展要滞后一些。

虚拟现实眼镜最初的造型可以追溯到1800年。当时人们已经掌握立体影像的技术，立体电影机的造型已经有了现在虚拟现实眼镜的雏形。而真正可以隔绝环境干扰，并且能够产生全景式幻觉的小型设备——立体黑白镜，诞生于1838年。图1.1所示是1870年生产的一款立体镜，它利用了人的立体知觉的生理特征，将两个镜片做成和眼睛同等宽度。如图 1.2 所示，双眼的视差能够使两个距离较小的图像合二为一，在经过大脑的处理形成立体视觉。因为人类进化缓慢，几百年之内身体结构不可能发生本质变化，形成立体图像的原理也不可能变化，所以 200 多年过去了，不论技术怎样发展迭代，立体影像设备的基本结构是不变的。

图 1.1　1870 年生产的立体镜（图片来自维基百科）

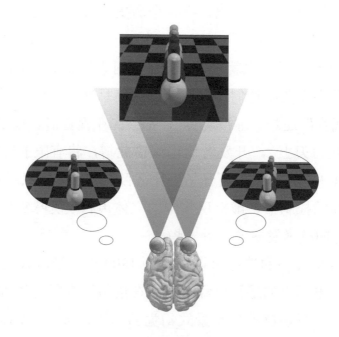

图 1.2　立体视觉成像原理

"虚拟现实"这一概念诞生于 1938 年，法国戏剧理论家阿尔托在自己的论文《炼丹术戏剧》（*The Alchemical Theater*）中就提出了"虚拟现实"（法语 La Realite Virtuell）的概念。

"虚拟现实"的概念提出以后，马上成为科幻小说家们热衷的题材。例如，赫克斯利（Aldous Huxley）所著的小说《勇敢的新世界》（*Brave New World*，1932）就描绘了一种名为"多感觉"（Feelis）的三维电影。美国作家布拉德伯里在短篇小说《大草原》（*The Veldt*，1950）中描绘了能模拟非洲大草原的全息墙面，也就是将房间的四壁都变成可以显示想象中场景的显示设备。

1.2.2　第一次浪潮

虽然在 20 世纪 30 年代"虚拟现实"这个概念就诞生了，但却是仅仅停留在文学作品中，当时连计算机还没有诞生，所以数字化的虚拟现实体验无从谈起，但是先驱者们并未停下开拓的步伐。1956 年，计算机尚处在诞生初期，美国电影放映机制造商莫顿·海利希（Morton Heilig）构想了体验剧院（Sensorama）（图 1.3），他试图将视觉场景、听觉刺激、震动与气味组合成新型的仿真设备。1960 年，海利希申请了一个仿真面具（Simulation Mask）专利，专利名称是"为个人设计的立体电视设备"，该设备由立体眼镜和两个微型电视屏幕组成，能够呈现三维图像（图 1.4）。这一面具结合了三维照相技术、具有焦点控制的广域视野光学技术、立体声和气味加工技术，并且增强了防震效果。两年以后，他造出了面具的原型机，并开发了 5 个涉及视、听、嗅、触觉的短片，但是未能取得商业上的成功。现在看来，在当时的技术条件下，连最基本的视觉上的体验都很难满足，更不用说其他感觉的模拟了。虽然创新值得肯定和尊重，确实也称得上是虚拟现实发展史上里程碑式的设备，但是用户体验上的不足成为阻碍这个设备成功的最主要因素。

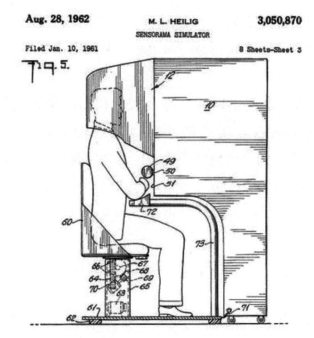

图 1.3 体验剧院模型（图片来自 mortonheilig 专利页）

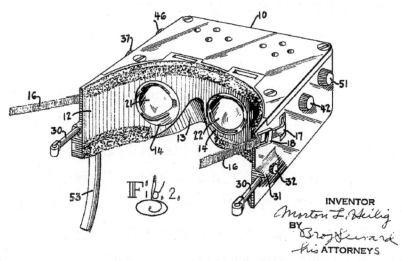

图 1.4 海利希立体眼镜模型

1968 年，在哈佛大学任助理教授的伊万·苏瑟兰（Ivan Sutherland）在其学生斯普劳尔（Bob Sproull）的帮助下造出第一个头盔式虚拟现实显示器系统。因为这种头盔的重量超过人类头颈所能承受的程度，所以开发者们只好将它从天花板上吊下来，趣味地称之为"达摩克利斯之剑"（The Sword of Damocles）（图1.5）。而且，它能展示的"虚拟现实"内容不过是简单的线框模型构成的房间。尽管如此，人们却从中看到了新技术的美好前景。

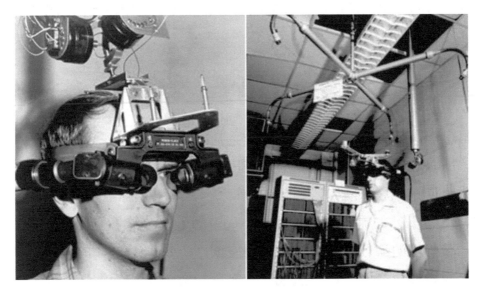

图1.5　"达摩克利斯之剑"

接下来，苏瑟兰利用这套虚拟现实设备开始进行这方面用户体验的试验，并且得到了令人振奋的成果。首先，在虚拟现实设备中仅仅用照片就可以让人们置身在一个陌生的环境中，并且带来心理上的沉浸感。在他的一个试验中，测试者的头盔显示器内显示从摩天大楼顶上拍摄的地面街道的影像时，虽然测试者实际所处的环境很安全，但他们还是会感到惊慌失措，这充分证明了这种技术给用户心理造成了影响。接着，苏瑟兰用电脑图像取代了拍摄的电影图像，电脑图像由计算机系统实时生成，并且每秒更新多次，再加入追踪头部运动的传感器，使得计算机系统可以随着体验者头部的移动提供不同的透视图像，这样一来，有交互体验的虚拟现实便出现了。

在20世纪70年代之前，先驱者们已经运用自己超凡的想象力和强大的技术能力（当你真正了解那个时代计算机硬件的性能后，你就会佩服他们的技术水平了）尝试实现梦想中的"虚拟现实"，但由于当时计算机性能确实很低，虚拟现实设备给大家带来的用户体验不足以让其在市场上普及。这一次浪潮虽然悄无声息地过去了，但是却给后来的开发者积累了大量的经验，而且种种尝试结果都表明，从心理感受层面上讲，用户对沉浸于另外一个完全不同于现实的场景是没有抵抗力的，这也是从业者坚定地认为虚拟现实是用户界面的终极形态的依据之一。

1.2.3 第二次浪潮

虚拟现实这个概念在沉寂了 10 多年之后，再一次被文学潮流唤醒。1984 年，威廉·吉布森出版了乌托邦式梦想的讽刺性小说《神经漫游者》（*Neuromancer*），作为赛博朋克（Cyberpunk）文化的代表作之一，本书据称也是著名系列电影《黑客帝国》（*Matrix*）的灵感来源。这部小说带动了在计算机空间和网络空间里进行虚拟体验想法的流行。吉布森对赛博空间（Cyber Space）的理解是一系列网络化的计算机图像空间，进而组成一个矩阵，像"集体幻觉"一样每天都会吸引数以亿计的访问者。进入 20 世纪 80 年代后期，围绕"虚拟现实"这个新的名词，迅速形成了一个文化圈，并且令吉布森感到惊讶的是，科学家和技术人员对其著作的关注以及人们在讨论他的科幻作品时都抱着很严肃的态度。

伴随着这次潮流，以杰伦·拉尼尔（Jaron Lanier）的虚拟编程语言研究公司（VPL Research，1985）为代表的一批研究虚拟现实技术的企业问世，虚拟现实眼镜、数据手套等关键设备被发明，虚拟现实技术开始步入实用期，不仅为医疗、军事、教育等领域增添了新手段，而且为艺术创造提供了新可能。

1989 年，被誉为"虚拟现实之父"的杰伦·拉尼尔正式创造了英文"Virtual Reality"这一术语，并且率先开发出能够真正操纵计算机模拟的三维空间内虚拟物体的数据手套，虽然从今天的角度看起来这些设备有些笨重，而且通过很多条线缆与电脑连接，但是用户已经可以通过头盔显示器观察自己的行为在虚拟现实中的真实反馈，在实现虚拟现实中的人机交互方式上迈出了革命性的一步。图 1.6 中展示了拉尼尔公司研发的虚拟现实数据服装。

图 1.6 拉尼尔创立的公司 1989 年推出的虚拟现实数据服装（图片来自维基百科）

被誉为"人工现实之父"的迈扬·克鲁格（Myron Krueger）建立了"人工现实"（Artificial Reality）系统。该系统将参与者的半身像显示在投影屏幕上，由计算机不断分析参与者的动作并实时地作出反应（图 1.7）。克鲁格认为拉尼尔创造的"虚拟现实"一词包含了悖论而不愿意加以使用，宁可使用"人工现实"一词。

"人工现实从身体与仿真世界的关系感知人的行动，然后它生成视域、音响，以及令参与这一世界的幻象变得可信的其他感觉。"——迈扬·克鲁格

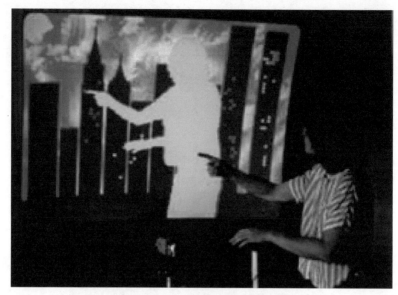

图 1.7 克鲁格的作品

杰弗里·肖（Jeffery Shaw）的《可读之城》（*The Legible City*）（图 1.8）让观众骑上一辆底座固定的自行车，通过有传感器的踏板驱动三维实时绘图系统，从而让观众获得游览曼哈顿的效果。可以说这是现在随处可见的 VR 自行车的鼻祖，运用相对简单的交互技术原理，把观众的日常行为与虚拟世界链接在一起。在完全能够模拟人体动态、手势等自然行为的技术成熟前，用我们日常的机械操作行为（骑车、开车、划艇等）作为人机交互界面（Human-Computer Interface）不会给体验者带来过多的操作不自然感，不失为当前技术阶段的一种好的解决方案。

1991 年，媒体艺术家桑丁、工程师德凡蒂等开发了名为"洞穴"（Cave Automatic Virtual Environment，CAVE）的虚拟仿真环境（图 1.9）。这种虚拟环境通常会将计算机生成的交互图像投射到一个方形的围合空间，体验者在空间一定范围内的移动会与墙面上投射的图像形成互动关系，而无需应用头盔显示、

数据手套，同时也能提供足够的沉浸感。

图 1.8 《可读之城》（*The Legible City*）

图 1.9 CAVE 系统（图片来自维基百科）

在这次浪潮中，有一些公司已经开始专注于能够面对普通消费者的虚拟现实设备。1991 年，Virtuality 公司发布了他们的虚拟现实游戏系统 1000CS（图 1.10）。这是一个沉浸式头盔显示平台，配有可以进行三维空间追踪的操纵杆。从外观和系统构成上看，该系统已经很接近现在市场上能看到的虚拟现实设备，但是当时高达 60000 美元的价格却让消费者望而却步，最终只生产 350套便停产了。

图 1.10　虚拟现实游戏系统 1000CS（图片来自维基百科）

日本著名游戏机公司任天堂（Nintendo）也在这次潮流中做了尝试。1995年推出了虚拟现实游戏机 The Virtual Boy（简称 VB），由 Game Boy 之父横井军平主导开发。任天堂希望借助该公司当时明星主机 Game Boy 热卖和超级马里奥这样的热门游戏之势打开一个全新的市场。不过由于 VB 这个游戏主机理念太超前，虽然能够呈现奇特的立体视觉，但是受当时的技术能力所限，只能在眼镜里面显示红色的点线图（图 1.11），这和当时市场上已经普遍运用 CD-ROM 呈现精美 CG 动画的其他主机相比（索尼的 PlayStation、3DO 等 32 位游戏主机），自然无法吸引消费者的眼球。再加上售价也不低，仅仅一年时间就黯然退出市场。

但是据 1996 年有幸体验过 VB 的玩家描述，当时所带来的冲击是非常大的，著名射击游戏《太空巡航机》里面的世界变得触手可及，玩家操纵的战斗机飞翔在无垠的宇宙中，虽然由简单点线组成的画面不够逼真，但是却给人置身宇宙空间的沉浸感。

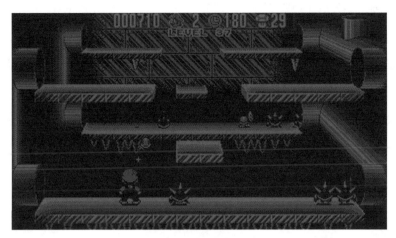

图 1.11　VB 游戏界面（图片来自 gengame 官网）

　　虽然 VB 这个产品失败了，但是 20 多年后的今天，我们看到在强大的技术条件支持下虚拟现实游戏发展的新高度，还是要向当年主导开发 VB 的横井军平的勇气和前瞻致敬。

　　在接下来的一段时间里，沉浸式虚拟现实的民用化进程发展到了瓶颈，价格居高不下，用户体验水平却不高，这就导致虚拟现实技术只能在实验室和某些特定领域（如军事、工业）里有用武之地。但是开发者们并没有停止自己的脚步，直到 2012 年，虚拟现实的第三次浪潮到来，给虚拟现实发展带来了全新的开端。

1.3　虚拟现实发展现状

1.3.1　第三次浪潮

　　经历了虚拟现实的前两次浪潮，虽然距离民用化还遥遥无期，但是无数探索者的努力已经为沉浸式虚拟现实的设计形态和技术路线打下了坚实的理论基础和实践基础，进入 21 世纪后，芯片技术（尤其是图形芯片 GPU）和显示技术飞速发展，虚拟现实真正进入民用市场已经指日可待。

真正引爆第三次虚拟现实浪潮的是一款叫作 Oculus Rift 的虚拟现实眼镜。2012 年，Oculus Rift 在美国著名众筹网站上启动了众筹，原本 25 万美元的众筹目标最终以 240 余万美元创造了一个众筹神话。原本笨重昂贵的虚拟现实设备从此能够以亲民的价格进入消费者级别的市场。

Oculus Rift 众筹模式成功地打开了一个闸门，国内外公司趋之若鹜，都开始纷纷效仿，推出自己品牌的虚拟现实眼镜（图 1.12）。

图 1.12　虚拟现实眼镜产品图（图片来自 VR Headset India 官网）

同年，谷歌公司推出了自己名为 Card board 的简易 VR 眼镜，相比 Oculus Rift 的数百美元，售价仅仅几美元的 Card board 传播得更加快速而广泛，用户用自己的手机下载特定的 App 后，横向插入 Card board 就能获得沉浸式的虚拟现实体验，虽然大多是由全景相机拍摄的全景视频，但却足以用最低成本的方式让大范围的用户获得最简单直接的沉浸式体验。

2014 年，社交网络巨头 Facebook 公司宣布以 20 亿美元的价格收购 Oculus 公司，这在业界引起了轰动，继而一些国际大公司纷纷宣布推出自己的虚拟现实眼镜，资本圈的目光也被吸引过来，一时间群雄并起。2016 年，除了 Oculus 公司推出了自己的第一款消费者级的虚拟现实眼镜 Oculus Rift CV1 外，HTC 和索尼公司也分别推出了自己的消费者级虚拟现实眼镜。再加上舆论和资本的聚焦，2016 年被冠以"虚拟现实元年"的称号。

1.3.2 元年三巨头

Oculus、HTC 和索尼公司均在 2016 年推出自己的面对普通消费者的虚拟现实眼镜，成为第一批推出民用 VR 产品的公司。下面我们来大致了解 3 家公司的产品。

1. Oculus CV1

Oculus 在众筹成功后推出了其开发者版本的虚拟现实头盔 Oculus Rift DK1。2014 年 3 月 26 日，Facebook 公司宣布以约 20 亿美元收购 Oculus 公司。2016 年 3 月 28 日，消费者级产品 Oculus Rift CV1 正式发售（图 1.13）。VR 头盔包含两个 1080 像素 ×1200 像素的 OLED 屏幕，综合分辨率为 2160 像素 ×1080 像素，可以实现 90Hz 刷新率、110°视野，支持 360°头部追踪及一颗体感摄像头检测动作。控制方面有环形的双手体感手柄并支持 XBOX 手柄。目前售价为 399 美元。2017 年又推出了专属的控制器和定位设备。详细信息可查阅官方网站。

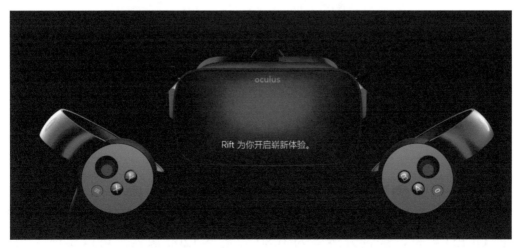

图 1.13　Oculus Rift CV1（图片来自 Oculus 官方网站）

2. HTC VIVE

2015 年 3 月 2 日，HTC 公司发布消息称与 VALVE 公司（游戏《半条命》和游戏平台 Steam 的出品公司）合作推出了一款 VR 头盔，名为 HTC VIVE，2015 年春季推出开发者版本，2016 年 4 月 5 日开始全球范围发售其 VR 头盔的消费者版本。VIVE 的配置为两个 1080 像素 ×1200 像素的 OLED 屏幕，综合分辨率为 2160 像素 ×1080 像素，可以实现 90Hz 刷新率、110° 视野。比较特殊的是 VIVE 头盔表面集成了 37 个传感器，通过在房间里安装两个定位器，就可以获得更加精准的头部和手柄控制器的空间坐标与动作。目前该款产品的国内售价为人民币 5488 元。详细信息可参见官方网站。

2018 年初，HTC 公司在拉斯维加斯举办的一年一度的消费电子展（CES）上，首次公布了自己公司的次时代 VR 头盔 VIVE Pro（图 1.14），为 VR 头盔新一轮的大战拉开了序幕。

图 1.14　HTC VIVE Pro（图片来自 HTC VIVE 官方网站）

3. 索尼 PlayStation VR

PS VR 头盔（图 1.15）于 2016 年 10 月份开始发售。头盔使用两个 960×1080 像素的 OLED 屏幕，综合分辨率为 1080 像素 ×1200 像素，可以实现 120Hz 刷新率、100° 视野。头盔加定位套装在国内售价为人民币 3399 元。单从屏幕解析度来看,要低于 Oculus Rift CV1 和 HTC VIVE,但是索尼公司的优势在于其平台上的 VR 游戏都是通过严格审核和优化的,玩家可以获得极佳的用户体验。依靠庞大的 PS 主机玩家群体以及《生化危机 7VR 版》这类游戏大作,PlayStation VR 发售半年之后大有赶超两个老大哥的趋势。详细信息可参见官方网站。

图 1.15　PlayStation VR Headset（图片来自 PlayStation 官方网站）

4. 手机壳 VR 眼镜

和三巨头的产品相对较高的价格比较起来,谷歌公司的 Cardboard 可以说就是白菜价,它充分利用了人人都有手机这个情况,只给大家提供一个可以插入手机的壳子,极大地降低了成本。近 3 年来,很多国内厂商将谷歌公司的 Cardboard 发扬光大,纷纷推出自己品牌的手机壳子,造型上虽然千差万别,但是核心技术并没有什么太大的差异。这种低技术门槛的产品导致市场上劣质手机壳 VR 眼镜泛滥,在公众对于虚拟现实设备的正确认知方面起了极大的负面作用。

三星公司的 Gear VR(图 1.16)和谷歌公司的 Daydream(图 1.17)虽然也是手机壳加手机的方式,但是均只针对各自公司的几款手机,系统优化和用户体验非常好,可以归为与下面所讲的 VR 一体机同等的产品。

图 1.16　Gear VR（图片来自三星公司官网）

图 1.17　Google Daydream（图片来自谷歌官网）

5．VR 一体机

前面提到的元年三巨头推出的虚拟现实头盔产品都需要配一台高性能计算机或者游戏主机作为图形处理器，除了虚拟现实眼镜的成本外，用户还需要购买价格不菲的计算机游戏主机，虽然可以获得较好的用户体验，但是整体成本还是偏高，所以 VR 一体机以其一两千元的亲民的价格受到了消费者的青睐。一体机从技术上说就是将移动芯片、传感器、显示器、电池集成到一个 VR 头盔内，所运行的系统都是经过各个出品方的优化，比起标准不统一的手机加手机壳来，整体用户体验要好得多。但是相比需要连接电脑或游戏主机的虚拟现实头盔的用户体验，尤其是画面的仿真度和三维场景内的互动性还是有很大差距。不过通过 VR 一体机，用户可以享受几乎所有的全景视频、全景动画和对于运算要求不高的 VR 游戏，可以算是性价比非常高的产品。随着处理器性能的提升和主动式定位技术在一体机上的运用，相信陆续会有更加优秀的一体机推出。

2017 年，Oculus 和 HTC 公司都纷纷宣布了自己公司的一体机产品，国内如 PICO、大朋、IdeaLens 等公司也均有同类产品。可以预见，在 2018 年，一体机市场的竞争将进入到白热化程度。

1.3.3 影响虚拟现实用户体验的核心元素

上一节提到了多家厂商的多种虚拟现实设备，而且"用户体验"是多次被提及的名词，那么好的虚拟现实用户体验都包括哪些方面呢？

首先得从沉浸式虚拟现实的 3 个特点说起，这 3 个特点在英文里都是以字母"I"为开头的，分别是"沉浸性"（Immersive）、"交互性"（Interactive）和"信息强度"（Information Intensity）。目前主流说法将第三个"I"叫作"想象力"（Imagination），但笔者更加倾向于使用"信息强度"这个概念。"想象力"体现在创作者营造虚拟现实世界时的创造力，但实际上很多虚拟场景是对现实存在的内容的再加工。为了让虚拟世界能够"说服"体验者，让他们信以为真，虚拟世界中的事物就要承载非常多的信息，这里不单单包含场景和物品的尺寸、材质、重量、温度等，甚至还要包含更多的深层次交互内容。而且这些信息还都需要通过不同的虚拟现实设备让体验者进行感知，所以不论是通过"想象力"创造一个虚拟世界，还是现实场景在加工后的虚拟化，信息的丰富程度都是让体验者真正投入的重要因素。目前虚拟现实技术在满足传递场景和物品的尺寸、材质等方面都没有问题，但在传递重量、温度等非视觉因素方面的信息难度很大，这也是虚拟现实开发者们努力的方向。

从人的感觉方面看，好的虚拟现实体验应该是对于人的感觉器官都有信息的传递，就像我们生活的真实世界中，人的视觉、听觉、嗅觉、味觉和触觉随时都在获取来自于真实世界的信息，而在目前的虚拟现实发展中，除了味觉的模拟难度较大，其他几种感觉的虚拟仿真化都取得了一定的成果。

1. 视觉的沉浸性

最先能给体验者带来沉浸性的元素就是视觉元素，前面我们提到过，人们在日常获取的信息中有 70% ~ 80% 是通过视觉。人类双目的生理构造，也决定了人们对于周围事物和空间的远近立体感判断是通过视觉完成的，当然这里同时包括眼睛（视觉信息获取）和大脑（视觉信息处理）整个系统的工作。从前人对于沉浸视觉的探索中可以总结出来，主要的方法是运用视觉元素将观众的视野包围起来，无论观众怎样变换自己的视线，获取的视觉信息都是创作者刻意营造的"人造现实"。所以在目前的沉浸式虚拟现实体验中，都是给体验者戴上一副又大又沉的虚拟现实眼镜，既提供了视觉信息，又将周围环境屏蔽，让体验者仅能看到眼镜中的画面。同时运用了动态捕捉的传感器，当体验者头部运动的时候，传感器将运动数据传递到电脑，电脑根据体验者头部和视线的变化重新渲染视线所及的画面，使体验者产生置身于另一场景的沉浸式体验。

视觉沉浸方面，比较重要的技术指标是刷新率、纱窗效应和余晖。如果 VR 眼镜中的画面有卡顿，像素颗粒很大，而且在转头的时候画面出现严重的拖尾，除了用户体验不好之外，给用户带来的最大问题就是会产生眩晕效果。解决刷新率的办法是提升 CPU、显卡等硬件运算性能，优化 VR 软件，以便让 VR 软件运行的时候能够达到比较高的每秒传输帧数（Frame Per Second，FPS）。纱窗效应通俗就是 VR 眼镜中画面像素颗粒很大，这也和目前的显示屏幕的解析度有关系，如果屏幕解析度提高，还要保证画面的刷新率，对于实时渲染的性能要求就相应提高，需要更加强大的硬件，成本势必提高。目前 Oculus CV1 和 HTC VIVE 用的都是 AMOLED 显示屏幕，具备轻薄和低余晖特点。所以就目前的技术发展水平而言，势必要寻找一个成本和效果的最平衡点，以便达到相对好的用户体验。

2. 听觉的沉浸性

听觉虽然不占最主要的因素，但是声音的方向同样会给观众带来极佳的沉浸感。这也是目前电影院都配备多声道环绕音响的原因，通过定点的音箱尽量模拟各个方向的声音。读者感兴趣的话可以自行上网搜索"3D 环绕立体声理发馆"，找到相应音频，戴上双声道耳机，闭上眼睛，享受仅仅通过声音带来的沉浸体验。由于目前多数虚拟现实头盔配的是双声道耳机，加上虚拟现实引擎中对于仿真立体声技术的缺乏，所以还不能够满足模拟真实的沉浸声音，尤其是声音从体验者头顶或脚下传来的情况。不少公司也在声音模拟领域进行着研究和开发，相信很快就会有更好的算法让我们在 VR 中真切地感受到来自大自然的种种声音。

3. 嗅觉 / 气味的模拟

2017 年年初，一家日本公司研发了一种名为 VAQSO VR 的小型外部设备（图 1.18），可以加装到目前市场主流的 VR 头盔上。这个设备可以装载 5 个不同气味的盒子，放在 VR 头盔下方，正对体验者的鼻子，当体验者所体验的场景需要特殊的气味时，设备会将气味通过喷雾的形式传递给体验者。该公司计划在未来将可散发的气味拓展到 300 种以上，届时用户就能在虚拟场景中闻到清晨树林的味道、花草的芳香、战争中的硝烟，甚至洗发水的香味。

图 1.18　安装在 VR 头盔上的 VAQSO VR 气味模拟装置（图片来自 VAQSO VR 官网）

4. 触觉与力反馈

如图 1.19 所示，互动性主要指体验者的行为对虚拟场景和虚拟物体起作用，并反馈回体验者以促成体验者下一次行为和循环的过程。

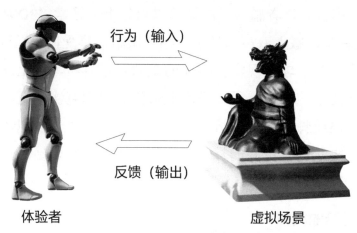

图 1.19 互动的循环

在沉浸式虚拟现实中，头部移动画面发生变化已经是必备的要素，声音方位的算法也在向前发展。目前虚拟现实开发者们有一大部分精力投入到虚拟场景中的力反馈和肢体动作中。对于一个旨在"仿真"的虚拟现实场景中，环境和物体对于体验者的反馈越接近真实世界，体验者才会觉得越"逼真"。比如体验者在虚拟场景中拿起一把锤子，除了视觉中看到锤子外，手也要有抓住锤子把的感觉，同样还能够感觉到锤子的重量，而且在用这个虚拟的锤子敲击石头的时候能够感觉到真实的震动。在目前主流的消费者级虚拟现实设备中，虽然都有"手柄"这一互动设备，但是互动基本上是依靠判断手柄的位移和手柄上的按钮完成的，而反馈则是手柄内置电机的震动，距实现接近真实的反馈还有很大的差距。

为了实现这目标，很多公司首先投身到"数据手套"的开发中，试图用手套这种设备完成我们手部动作和反馈的模拟，从而让体验者感受更加真实。图 1.20 所示即是数据手套的一种，可以实现空间定位、五指弯曲、指尖震动等功能，但是还是与自然行为有所不同，当体验者戴着数据手套在虚拟空间中抓住一个物体时，手指确实能感觉到震动，提示体验者已经抓到一个虚拟物体，但是却无法有机制阻止体验者继续弯曲手指，这时候，在虚拟场景中很可能就会看到代表体验者真实手的虚拟手穿透虚拟物体的外壁，嵌到里面去了。目前还没有设备能够实现这种抓握物体大小的反馈，即各种"数据手套"很难在抓握到虚拟物体时给手指一个反向的力并且限制手指的运动。

图 1.20　Manus Machina 公司的 VR 数据手套（图片来自 techcrunch 官网）

对于模拟物体的重量难度就更大。目前有德国团队制作出占地面积很大的设备，可以模拟物体的重量，但是仅能用于大型工业设备的仿真，很难小型化进入消费者级的市场。

身体其他部位的力反馈则需要更加复杂的穿戴设备来完成，但是穿脱的时间过长又成了降低用户体验的因素，而且在不给体验者造成伤害的前提下，能够模拟的对于身体的力反馈与真实世界相比还是有较大差距的。

5. 手势识别

一些虚拟现实的开发者认为，手部动作的捕捉不应该借由"数据手套"这类硬件完成，而应该是靠裸手实现。实现方法是在 VR 头盔外面加装一套深度识别摄像头，代表产品有 Leap Motion（图 1.21）。这类摄像头可以准确地识别每一个手指关节，从而可以定义多种手势和手部动作。这种技术的优势在于不需要在手上佩戴额外的设备，而且识别精度大大高于数据手套。但这种技术的缺点同样明显，就是裸手在虚拟世界中交互，完全没有力反馈。所以对于摄像头手势识别这项技术一直存在较大的争议。

图 1.21　安装在 Oculus Rift VR 头盔上的 Leap Motion（图片来自 vrheads 官网）

6. 肢体动作与虚拟化身

人在现实生活中可不单单只是头部和手部的动作，大到躯干四肢，小到 10 根手指，周身上下又有许多个关节都可以活动。几款主流的虚拟现实设备因为要进入普通消费者的市场，为了控制成本，仅保留了头部和手部的定位。全身定位的数字技术则早已进入实用阶段，应用最广泛的就是制作影视 CG 时的动态捕捉系统，演员身着特殊的服装，身上布满定位点，捕捉系统可以相对精准地捕捉演员的肢体动作，但是将这套设备应用于虚拟现实体验成本过高。

在 2018 年 4 月的 GDC 2018 全球开发者大会上，Epic Games 携手 3Lateral、Cubic Motion、腾讯和 Vicon 展示了次世代的实时捕捉数字人物。开发团队根据一名中国演员的形象制作了高保真实时数字角色"Siren"，而英国女演员 Alexa

在活动期间通过动作和表情捕捉设备实时地驱动 Siren 进行表演。该项目的亮相十分惊艳，展示可在未来实时控制虚拟化身的可能性，让大家相信未来有可能会拥有自己的虚拟化身（有版权的数字肖像）。打破"恐怖谷"理论，创造真实可信的、具备感情的虚拟角色成为可能（图 1.22）。

图 1.22　GDC 2018 全球开发者大会上的技术产品展示（图片来自 UE 官网）

还有一种价格不高的肢体动作捕捉设备是微软的 Kinect 摄像头。这种摄像头通过深度识别技术可以探测位于摄像头前面的人的头、肩膀、腰部、髋关节、手脚、四肢等主要关节，在家庭游戏领域有着较为广泛的应用（图 1.23），但是应用于虚拟现实领域则存在着识别区域受限以及体验者侧身对着摄像头识别不准等问题。

为什么在虚拟现实体验中，肢体动作识别如此重要呢？原因还是要让体验者在虚拟世界中感受到"真实"。当我在虚拟世界里面看不到自己的脚，或者一双无法与自己双脚同步移动的虚拟脚，就很难说服我是在一个"仿真"的世界中。

并且在未来越来越成熟的虚拟社交场景中，每个人都会以一个或靓丽或帅气或标新立异的独特形象出现在别人面前的，也就是所谓的"虚拟化身"（Virtual Avatar）。如果肢体动作的捕捉无法实现，那么在这个场景内，大家就都面对一群动作僵硬的"虚拟好友"，自然交流的程度就会大打折扣，甚至有可能因为动作捕捉不到位使肢体动作变形，产生有歧义的动作语言而导致"友尽"，如此结果还不如回归到传统社交软件的文字、表情和语音呢。

图 1.23　Kinect 捕捉骨骼的效果

7. 面部表情

人类面部拥有 42 块表情肌，从而能够丰富地表达喜怒哀乐等表情。与动态捕捉一样，在影视特效领域已经成熟地运用表情捕捉摄像头采集演员的表情，这样能够让 CG 人物的表情更加接近真人。众所周知的詹姆斯·卡梅隆的《阿凡达》，其英文片名"Avatar"实际就是"虚拟化身"的意思，该电影就运用了面部捕捉的技术（图 1.24）。

但是在虚拟现实体验中，由于体验者需要戴上几乎遮住半副面孔的 VR 头盔，即使脸上贴上标识点，摄像头也无法识别体验者的真实表情。虚拟现实行业内的公司推出了两类表情捕捉的解决方案。

图 1.24 电影《阿凡达》在拍摄过程中的面部表情捕捉

一类是运用两个摄像头，一个藏在头盔内拍摄体验者眼睛与眉毛的运动，另一个摄像头放在头盔外面捕捉嘴巴和下巴的运动，从而获得整个面部的表情变化。

另一类是将传感器嵌入 VR 头盔与人脸接触的一圈海绵垫内（图 1.25 中的黄色部分即传感器），通过对面部肌肉运动的探测获取上半部分面部的表情，同样用另外一个摄像头捕捉嘴巴、脸颊和下巴的运动（图 1.26）。

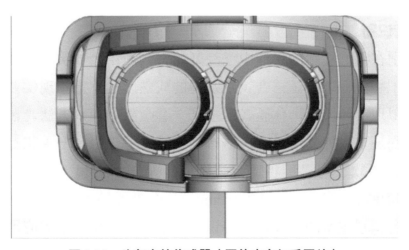

图 1.25 头盔内的传感器（图片来自知乎网站）

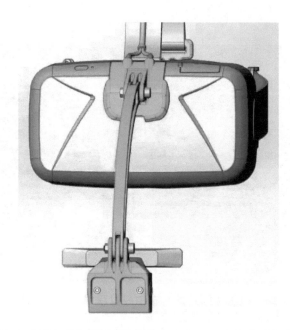

图 1.26　拍摄下巴与嘴部动作的摄像头（图片来自知乎网站）

　　不论是哪类解决方案，想在虚拟现实中实时捕捉体验者表情难度还是很大的，这主要在于捕捉与重建（真人表情映射到虚拟化身）的延迟、追踪传感器的敏感精度、设备数据处理能力以及网络的带宽等。而且面部追踪涉及的学科范围很广，包括电子、机械学、心理感知、机器学习、面部动画、传感器等技术。所以要达到成熟阶段还需要一定的时间。

8. 语音识别

　　语音识别在我们实际的生活中已经开始得到应用，如实时翻译软件、智能手机上的人工智能助理等。语音识别发展的成熟度远比虚拟现实要高，将语音识别引入虚拟现实体验后，体验者则多了一套全新的输入方法。在诸如手势识别、肢体识别还不成熟的情况下，语音识别输入可以说是一种相对自然而准确的交互方式。微软公司已经将语音识别应用于其增强现实眼镜 HoloLens 上，用户可以用简单的语音如"back""remove"在虚拟场景下控制各种虚拟元素。相信随着语音识别技术的发展，语音识别技术在虚拟现实中的应用也会越来越丰富。

9. 人工智能

随着 AlphaGo 战胜诸多围棋高手，"深度学习""神经网络"这些概念随着人工智能热潮进入了人们的视野。虚拟现实作为一种新型的展示终端，后台一定会搭载各种高新技术，人工智能就是其中之一。

人工智能的概念有些大，现阶段在虚拟现实中的应用叫作人文智能技术（Humanistic Intelligence）比较合适。VR 中的人工智能不要求真的像仿真人的智能那样能够有意识地思考（如果真是这样的话虚拟现实就比较可怕了），而是发挥各种传感器、可穿戴设备等的优势，使人们能够捕获自己的日常经历、所见所闻，并与他人进行更加有效的交流。这种智能更加注重数据的积累、分析和计算，并且反馈回用户，是用户身心的拓展。

综上所述，目前市场上消费者级的虚拟现实设备仍然处在发展的初期，能达到的用户体验也是很初级的。如果想在上述所有方面都达到比较好的效果，无论从传感器、处理器还是软件算法方面，都需要有阶梯性的发展。尽管困难重重，但是虚拟现实的从业人员都拥有坚定的信念来实现这些目标。

1.3.4 增强现实和混合现实概述

增强现实（Augmented Reality，AR）、混合现实（Mixed Reality，MR）和虚拟现实一样，是现在经常同时被提及的两个概念，大多数人在第一次接触这几个概念的时候或许很难明白具体的差距，图 1.27 有助于理解这几个概念。

在本书的开始就做了说明，本书把虚拟现实作为一个广义的概念，而我们现在日常提及的 VR 实际上是"沉浸式虚拟现实"（Immersive Virtual Reality）的概念，在图 1.27 的左侧，体验者的视觉信息完全来源自虚拟图像。而"增强现实"和"混合现实"这两个概念严格来说都属于广义"虚拟现实"概念的一部分，分别叫作"增强型虚拟现实"（Augmented Virtual Reality）和"混合型虚拟现实"（Mixed Virtual Reality），这两类都是将虚拟的、由计算机产生的内容叠加在现实世界上，只不过虚拟内容的数量和类型有别。

VIRTUAL REALITY (VR)
虚拟现实(VR)

完全的数字环境

AUGMENTED REALITY (AR)
增强现实(AR)

数字信息叠加与真实世界之上

MIXED REALITY (MR)
混合现实(MR)

真实和虚拟混合交织在一起

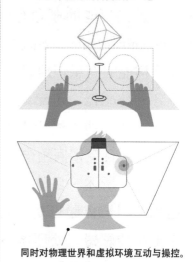

完全与外界隔绝、虚构的体验，没有对真实世界的感知。

仍然以真实世界为中心，通过虚拟的数字信息让体验增强。

同时对物理世界和虚拟环境互动与操控。

图 1.27　VR、AR 与 MR（图片来自 APPLIED ART 网站）

　　虚拟现实是通过不同的技术手段将体验者与现实环境割裂开，通过欺骗体验者的各种感官，使其有完全沉浸于新场景的感觉。而增强现实和混合现实则是在现实世界上增加信息量，可以说是对体验者感官的延伸。所以这几类技术的应用场景是完全不同的，虚拟现实的应用场景应该是相对安全和独立的空间，体验者在对外部环境有极高安全感的情况下沉浸在虚拟现实提供的场景中，所以适合在非开放式空间内完成。而增强现实和混合现实在日常生活中的应用更加广泛，举个简单的例子，很多人由于外语水平的限制根本不敢出国自由行，未来游客则可以毫无顾虑地佩戴着技术已经成熟的 AR 眼镜到国外去旅游，因为在 AR 眼镜中，他们看到的所有外语的标识、文字都已经翻译成中文，替换了原有的外文，跟外国人交流的时候他们的对话也被实时翻译成中文，从 AR 眼镜的耳机里进行传递。图 1.28 所示是一个增强现实的应用场景，用户的手机

App 可以将场所的信息叠加到手机摄像头拍摄的街景上，给用户清晰的导览。所以并非像有些媒体说的 AR 比 VR 要高级，其实这两种技术都是广义虚拟现实下面的分支，所运用的技术有部分是一样的，但是未来的应用场景则完全不同。

图 1.28 增强现实（AR）的应用场景（图片来自 lifewire 官网）

比较知名的增强现实眼镜有谷歌眼镜（图 1.29）和微软公司的 HoloLens（图 1.30）。谷歌眼镜于 2012 年公布，但是由于理念太过超前，且用户体验水平不高，所以一度被谷歌公司搁置，但是 2017 年又公布消息重启谷歌眼镜计划，且主要面对商业客户解决方案。微软公司的 HoloLens 虽然价格昂贵，但确是集合了诸多先进技术的产品，这些技术包括 3D 衍射显示、语音识别输入、基于深度识别摄像头的空间扫描与识别、惯性动态捕捉、手势识别等，正是以这些技术作为基础，保证了 HoloLens 的整体用户体验极佳。

图 1.29　谷歌眼镜（图片来自 edgylabs 官网）

图 1.30　HoloLens 及应用（图片来自 urban-hub 官网）

1.3.5　引擎与软件的发展

引擎就是制作工具，可以让开发者实现自己的想法。目前市场上主流的引擎基本上是各个游戏公司最早为了制作自己的游戏而开发的工具，由于游戏的成功，工具也变得流行开来。

老牌的游戏引擎当数 Doom 引擎。*Doom* 是 ID Software 公司在 1992 年推出的第一人称射击游戏，利用二维画面做出了墙壁厚度、任意路径角度、上下楼梯等三维效果，可以说是第一人称射击游戏史上的里程碑之作。1993 年底，Raven 公司采用改进后的 Doom 引擎开发了一款名为《投影者》的游戏，这是游戏史上第一次有一家公司将自己的游戏制作工具授权其他公司使用。在此之前游戏引擎只是各家公司为了开发自己的游戏而制做的工具，并没有任何游戏开发商考虑过用游戏引擎来赚钱，甚至还要对自己的引擎加以严格的保护。Doom 引擎的成功，无疑为游戏厂商打开了一片新的市场。

接下来，市场上开始出现成熟的游戏引擎，ID Software 公司又率先推出了支持 Direct3D 和 OpenGL 的真三维引擎 Quake。1998 年，本书的主角 Epic Game 公司的虚幻引擎（Unreal Engine）登场了，打破了 ID Software 垄断引擎天下的格局。虚幻引擎一经推出就获得了游戏公司的青睐，几年之内有数十款游戏使用了虚幻引擎。虚幻引擎让 Epic Game 公司从默默无名的小厂商一跃成为行业领军者。

接着在 2004 年推出的虚幻引擎 3 可以说是游戏引擎发展史上里程碑式的杰作，《使命召唤》《荣誉勋章》《彩虹六号》《质量效应》《战争机器》等著名游戏使用的都是该引擎。

虚幻引擎 3 的核心由 C++ 编写，支持的平台包括 Windows、Linux、Mac OS X、Dreamcast、Xbox、Xbox 360、PS2、PS3 等，其多平台的适用性也帮助它奠定了游戏引擎中老大哥的地位。

Epic Game 公司再接再厉，于 2014 年推出了自己的第四代引擎——虚幻引擎 4，可以说这一代引擎完全就是为 VR 而生。虚幻引擎 4 推出初期发布的几个基于 Oculus DK2 的示例带给体验者的冲击力是难以用语言形容的（图 1.31）。

从 2015 年开始虚幻引擎 4 宣布对广大开发者免费，这一策略使引擎的普及度有了非常大的提升，而且虚幻引擎对 VR 开发的支持非常友好，运用了名为"蓝图"的可视化编程界面，加之渲染、光影、粒子效果出色，在近一两年迅速成为虚拟现实公司的主要开发工具。因为本书就是虚幻引擎 4 的实战教程，在学习中大家会了解更多关于虚幻引擎 4 的特点，所以在这里就不多讲述了。

图 1.31 Showdown 游戏中的场景

当然，市场上三维引擎也不是虚幻引擎一家独大。其他主流的三维引擎有 Unity 3D（几乎所有手机游戏）、Cry Engine（《孤岛危机》）、Frostbite Engine（《审判》）、Creation Engine（《上古卷轴》《辐射 4》）、Naughty Dog Game Engine（《神秘海域 4》）等。这些引擎各有所长，各自在不同的领域拥有较多使用者和应用案例。各家公司都在探索通过软件提升虚拟现实内容的运算效率、画面质量、实现各种特效的方法。

游戏引擎是生产优秀虚拟现实软件的工具，只有熟练掌握工具才能实现设计者的想法。况且目前很多引擎已经提供了足够多的虚拟现实相关的开发插件，提升了开发效率，开发者们只需要专注于自己的内容创作就可以。也希望读者在学习过程中不要朝三暮四，如果看到哪个引擎在某一方面强就转而学习那个引擎，那么最后只会导致哪个引擎都学不精。在一个优秀作品诞生的过程中，工具固然是重要因素之一，但是更具决定性的因素是创作者的专注态度和坚定信念。

1.3.6 虚拟现实技术应用的领域

虚拟现实的市场化虽然还处在早期，但是已经有很多领域开始重视虚拟现实技术，并对虚拟现实结合本领域的发展有很高的期待。以下列出的都是开始运用虚拟现实技术并有一定成果的领域。

1. 军事领域

众所周知，很多尖端技术都会先应用于军事领域，而技术从军用转化为民用则会经历数年甚至数十年时间。所以在 20 世纪 90 年代中期，计算机技术较为发达的国家就开始用虚拟现实进行军事训练。通过虚拟现实模拟地形地貌、气候、武器装备、作战人员。从指挥员到参与作战的人员都可以通过虚拟现实场景进行训练。虚拟现实提供的沉浸性和逼真度则可以让参与训练的人员在低消耗、低危险的情况下，熟悉作战地形、武器装备、战术、医疗救助等内容，提高指挥人员的决策力和作战人员的生存率。现阶段虚拟现实设备的成本更低，在军事模拟中的普及度更高，各国主要将虚拟现实技术应用于战地救护、单兵战术、坦克驾驶等方面。

2. 文化和旅游领域

各位读者是否梦想过在一个阳光明媚的午后，伴着悠扬的小提琴曲，漫步在被破坏之前的圆明园中，听蒋友仁讲述他的设计理念？或者是回到古埃及，在宏伟的宫殿中一睹埃及艳后的芳容？随着虚拟现实技术的发展，这一切都将成为可能。人类过去的数千年历史给现今留下了丰富的自然、物质和非物质文化遗产。而通过虚拟现实技术，人们有机会将已经逝去的或者出于保护目的而不能面世的文化遗产进行重现，使得大众都能够一睹文化遗产曾经的辉煌，甚至可以体验时空穿越，回到古代，亲身经历一幕幕只能在历史教科书中看到的故事。随着三维扫描技术的日益进步，保留下来的文物模型可以达到极其精准的程度，再通过虚拟现实方式展现在大众眼前，才是真正让文物活起来。如果把景区通过技术手段搬进虚拟现实场景，那么用户就可以足不出户领略祖国的名山大川和世界的著名景点。如图 1.32 和图 1.33 所示为虚实空间文化类作品漫步雄关和 VR 兵马俑。

图 1.32　虚实空间文化类作品——漫步雄关

图 1.33　虚实空间文化类作品——VR 兵马俑

3. 工业仿真领域

在工业领域，机械的操作、拆装、维修等方面的训练以及通过互联网进行远程维修，都是很强的需求。而虚拟现实技术则可以用很低的成本满足这些需求。参与培训的人员不需要操作或是昂贵或是有一定危险的真实机械设备，仅需要佩戴特定的数据手套或者其他的力反馈设备，在虚拟场景中就能完成各种操作的学习、训练和考核，而且这些数据还会保留下来供企业进行分析和总结。虚拟现实技术与工业领域的结合可以极大地降低企业成本，提高培训和远程协助的效率。图 1.34 所示为汽车的 VR 展示。

图 1.34　汽车 VR 展示

4. 教育领域

在本章的开头就描绘了未来的虚拟现实课堂。虚拟现实的沉浸感、拟真程度和丰富的信息量以及可交互性决定了它在教育领域的广阔前景。尤其对于中小学生，他们对科技和新鲜事物的好奇心与接受程度使得他们一旦体验过 VR 就难以割舍。虚拟现实应用于教育正是利用了这种新技术对于他们的超强吸引力，能够真正地实现寓教于乐。身临其境的场景化教学也会让中小学生对于知识的吸收率提高，起到事半功倍的效果。现在有很多学校开始建设虚拟现实教室、虚拟现实实验室。在未来的硬件基础条件成熟后，教育类的软件就会进入百花齐放的阶段。届时，这种新型的教育方式将对传统教育方式带来很大的冲击。图 1.35 所示为科普教育项目"VR 火山探险"。

图1.35 科普教育项目——VR火山探险

5. 游戏娱乐领域

当第三次虚拟现实浪潮到来之初，最早的一批应用就是游戏。由于虚拟现实和三维游戏有着相同的基因，甚至使用相同的游戏引擎，因此游戏从业者沿用自己的游戏开发经验和已经拥有的三维游戏素材快速且低成本地生产出大批的 VR 游戏。虽然这些游戏中的多数品质不高，但是也不乏精品。虚拟现实的诸多特点将对游戏的体验带入一个全新的世界，游戏者通过 VR 技术实现了真正进入游戏世界，成为游戏主人公的带入感更加强烈。相信多数玩家都梦想过通过 VR 真正在"艾泽拉斯大陆"（大型多人在线游戏《魔兽世界》中的大陆）上和朋友组队做任务吧。目前，90% 的 VR 内容和几乎全部的 VR 线下体验店（包括单体设备和大空间设备）的内容都是游戏。随着《上古卷轴 VR 版》《辐射 4VR 版》（图 1.36）等传统游戏大作的 VR 化，相信未来 VR 游戏的丰富程度和品质会越来越高。

图 1.36　发售不到一个月销量达到 400 万美元的《辐射 4VR 版》（*Fallout 4 VR*）
（**图片来自 Steam 平台 Fallout 4 VR 游戏页面**）

6. 医疗领域

　　虚拟现实和医疗领域的结合有些类似工业领域，只不过工业领域面对的是机器，而医疗领域面对的是患者和人体。目前，除了利用虚拟现实来进行医疗器械的操作以外，将虚拟现实和手术操作结合才是医疗领域内更加迫切的需求。通过虚拟现实反复进行训练，会令医务工作者在面对真正的患者时有更大的把握。如果将 CT 扫描数据进行反向三维重建，再导入到虚拟现实中，医务工作者就能够在手术前直观地看到病患部位的情况，从而可以提前制定出最有针对性的方案，提高手术的成功率。图 1.37 所示为医生在用 Oculus Rift VR 眼镜观看病人的脑部 CT 三维图像。

7. 心理辅导

　　在对于心理创伤的辅导过程中有一种方法叫作行为介入，即重现创伤者受创的场景，并在恰当的时机进行人工的辅导和暗示，让受创者摆脱心理上的阴影。目前很多国家开始尝试用虚拟现实技术对各种恐惧症、社交障碍、老年孤独群体进行心理上的辅导。由于虚拟现实技术的诸多特点和灵活性，大大降低了成本，效率和效果也有所提升。

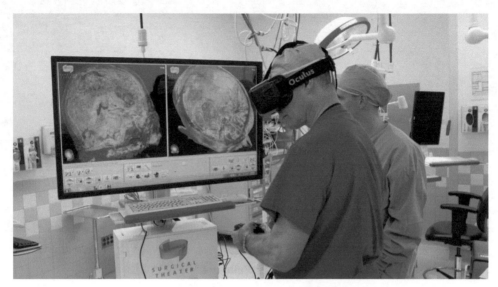

图 1.37　医生在用 Oculus Rift VR 眼镜观看病人的
脑部 CT 三维图像（图片来自 uploadvr 官网）

8. 零售领域

2016 年阿里巴巴提出了"Buy+"这个虚拟购物概念，一时间虚拟现实与零售行业的结合成为热门话题。抛开目前所存在的互联网带宽、数十万种商品的三维模型生产、产品信息数据库的建立等技术问题，单从虚拟现实的特点出发，未来一定会对人们的购物模式产生极大的影响。现在的网络购物将我们跟实际商品拉开了距离，但是 VR 能将产品带回到我们眼前，即通过互联网和虚拟现实能有逛实体店的购物体验。各种产品的尺寸、材质、信息等都会展现在我们眼前，这对交易的促成将起到很大作用。而且用户在虚拟场景中的购物行为，如在虚拟货架中行走的路径、视线在货架上商品停留的时间等，都会作为大数据储存起来并加以分析，当用户积累了足够多的行为数据后，虚拟购物系统就会根据用户的偏好调整虚拟货架内容，以达到最大的成单可能性，而且对于精准广告推送也提供了数据基础。试想一下在不久的将来，我们只要在家中利用一套虚拟现实设备就能够任意选择购物场所，挑选自己喜爱的商品，下单后就是等待无人机快递上门了。如图 1.38 所示为 VR 购物体验。

图 1.38　VR 购物体验（图片来自 diorama 官网）

9. 设计领域

在设计领域，计算机辅助设计（CAD）软件已经非常成熟。而虚拟现实技术则能够让设计师在设计作品前进行更具沉浸性的体验，当一件设计作品，不论是建筑设计、室内装潢设计、景观设计，还是工业产品设计，以其真实尺度呈现在设计师面前的时候，会让设计师以最直观的感受进行判断与调整，让作品更加完美。虚拟现实技术在设计行业的应用是对传统计算机辅助设计的一次升级，让设计师能够提前避免设计上的失误和遗憾，为我们创作出更多更美好的作品。如图 1.39 所示为 VR 应用于设计的概念图。

图 1.39　VR 应用于设计的概念图（图片来自 vrsconference 官网）

10. 社交

Facebook 高价收购 Oculus，这足以证明扎克伯格对于虚拟现实和社交相结合的美好前景的坚定信心。VR 社交解决了用户在传统社交中所面临的视觉享受、互动娱乐性以及用户参与度三大痛点。首先，在提升视觉享受方面，传统的社交媒体呈现的图、文和视频全都能够包含在虚拟现实社交场景内，再加上 VR 震撼的沉浸感和仿真度，一定会让用户流连忘返。其次，在互动娱乐性方面，虚拟现实做到了极致，比如将直播的互动做到极致，当你在虚拟世界中进行直播时，你的观众并不是在屏幕之外观看，而是和你在同一个环境中进行交互；最后，就是丰富并深入的用户参与程度，在 VR 社交中，用户能够做到在现实世界中做不到的，而且未来的 VR 社交的场景会更加丰富，能够给用户提供的体验也更丰富。所以说，VR 社交将会是下一代社交方式。如图 1.40 所示为 Facebook VR 社交的画面。

从上面所描绘的虚拟现实与各行业的结合情况看，由于虚拟现实的沉浸性、高逼真程度、具有互动性等特点，对于很多领域而言，VR 在提高效率、节省成本等方面有重要的作用。所以虚拟现实最终的发展会像互联网一样，成为一些领域所必备和应用的技术，况且虚拟现实最广泛的应用也是基于互联网的。互联网发展到今天早已超出单独一个产业的规模而成为信息的基础设施，并且与很多行业紧密结合在一起。虚拟现实作为下一代的显示和体验技术，也将会打破产业的限制，与传统领域进行深度融合，促进产业升级。

图 1.40   Facebook VR 社交的画面（图片来自 kejilie 官网）

1.4   对虚拟现实发展的展望

1.4.1   大势所趋

对于虚拟现实发展的前景，不论是国内还是国外的权威统计机构都抱有非常乐观的态度。从图 1.41 和图 1.42 就可以看出，国内外均预测到虚拟现实市场的快速发展。尤其要注意的是图 1.41，蓝色柱状代表硬件的发展，红色柱状代表虚拟现实内容和软件的市场潜力，可以明显看出其发展速度是成几何级数增长的，很快就会迎来爆发。图 1.42 指出，到 2020 年国内虚拟现实市场的规模将超过 500 亿元人民币。反映国际市场预测的图 1.41 则显示 2018 年到 2020 年将成为行业爆发的关键时间，整个行业规模预计达到 700 亿美元。行业内甚至有观点认为 VR 会成为继 PC、手机之后第三代影响人类生活的消费电子产品。

图 1.41　全球 VR 市场发展趋势（图片来自 trendforce 官网）

图 1.42　国内趋势预测

以近 10 年来智能电子产品和互联网的发展作参照，大家对计算机技术的高速发展有着极大的信心，也对虚拟现实在技术层面上的发展前景保持乐观的态度，但更重要的一个原因则是沉浸式虚拟现实体验是人类底层的心理和精神层面上的追求。

洞穴绘画的目的是令人们从精神上进入某个境界。中世纪的教堂内，艺术家努力营造出的沉浸式画面，不是为了简单地装饰，这些绘画与建筑、光线结合在一起，传达了一种美，更描绘了一种美好的境界。

很多壁画都是为了创造幻觉空间而进行的艺术创作，显然不能与目前计算机生成的具有交互性的幻觉空间相提并论。但是这也清楚地表明了在历史的各个时期，人类利用各种技术手段为创造最大限度的幻觉空间所做的非凡努力。

博客节目"虚拟现实之声"（Voices of VR）的创始人 Kent Bye 提到，"和所有其他媒介都不一样，虚拟现实可以直接和我们的潜意识对话。"

在这种接近本能的渴求驱动下，自然会有一部分人投入到这个行业内，义无反顾地推动这个行业的发展。像谷歌、Facebook、微软这样的科技巨头都在本次 VR 浪潮中开始自己的布局，足以证明了它们对虚拟现实的重视。Facebook 的创始人马克·扎克伯格认为，媒体的重心从文字开始，逐渐过渡到图片，然后到影视，最终拓展到虚拟现实。每前进一步，内容的维度就更加丰富。后一种媒体可以完全包容前一种媒体。你可以在虚拟现实中看电影，可以在电影中看图片，可以在图片中看文字。从某种意义上说，虚拟现实包容了所有其他媒体形式：文字、图片、音乐、舞蹈、戏剧、雕刻、影视……难怪有人将虚拟现实称为"最后的媒体"。

我们周围的视觉元素的展示形式以迅猛的速度发展和变化，我们也从未像今天这样暴露在如此多不同形式的图像世界中。虚拟现实这种作为生成、传播和展示图像的新媒体技术的出现，已经改变了"图像"本身，正在体现我们能够"进入"图像世界的可能性。

而虚拟现实的表达力确实更丰富也更接近真实，但是它真正的价值不仅仅只是用来包容其他媒体，而是让你的内在和他人的内在，在一个几乎真实的空间中，以一种近乎真切的体验，跨越时空，彼此相遇。

潜移默化中，互联网和近几年高速发展的移动互联网已经使我们的生活发生了非常大的变化，相信随着不断的发展，虚拟现实会与我们的生活和工作结合得更加紧密，届时我们的生活、文化与社会也将随之发生变化。

1.4.2　任重道远

尽管我们对虚拟现实发展的前景如此乐观，但是要实现科幻小说中那种美妙的虚拟世界，从业者们依然要付出更加艰辛的努力。工业制造水平、集成电路、显示硬件、图形处理芯片、大数据、云存储、云计算、人工智能，甚至电池等相关技术的发展程度都影响着虚拟现实行业的发展。从虚拟现实的发展现状来看，主要的瓶颈在于头戴式设备的大小和重量，再加上相对较高的费用，使得在消费者端的普及度还很低，市场回报率还很低。虚拟现实产品的市场转化还是靠政府或者公司的定制化生产。所以现阶段，虚拟现实的从业公司，不论是专注硬件、底层技术还是内容的公司，都应该坚持下去，积蓄力量，这样才能在虚拟现实全面爆发的时候具有较强的竞争力。

所以，既不要高估虚拟现实短期的成就，也不要低估虚拟现实长期的成就。

1.4.3　就业前景

从前面各大权威机构对于未来虚拟现实市场的规模预测来看，前景非常乐观。那么在产业高速发展的阶段，就需要大量的专业人才。据统计，目前国内虚拟现实的人才缺口就高达百万，这里面包括虚拟现实的硬件工程师、算法工程师、虚拟现实内容的美术师、引擎工程师等，主要的人才缺口领域是互联网行业和娱乐游戏行业。目前虚拟现实行业还是一个相对独立的行业，主要为其他各行业提供解决方案和服务。随着各行业与虚拟现实的深度结合，每个行业都会出现对虚拟现实人才的需求，就像目前计算机专业的人才可以进入各个行业一样。因此现阶段是进入虚拟现实技术学习的好时机，掌握虚拟现实技能后，未来的就业前景是非常广阔的。

1.4.4 畅想未来

谷歌、Facebook、微软等业界大佬和 Capcom、Bethesda Softworks 等游戏行业巨头纷纷加入到虚拟现实领域后，给行业的发展注入了一针强心剂。在接下来的几年中，消费者将成为最幸运的一群人，他们可以拥有更多的虚拟现实硬件和内容的选择权。

在本书出版的时候，市面上应该已经会有不少运用微软公司核心技术的虚拟现实眼镜了。微软公司继 HoloLens 之后发布了与全球五大硬件厂商（惠普、宏基、华硕、联想和戴尔）合作的虚拟现实眼镜，价格是人民币 3 000 元左右，Windows 10 系统的笔记本电脑就能运行，房间内也不需要设置额外的定位设备，仅靠 VR 设备自己的主动式空间识别技术就能进行空间定位。这些特点对消费者都会是极大的诱惑。

笔者在体验了最先上市的惠普公司的微软虚拟现实眼镜后，已经被深深吸引了，其操作界面基本延续 HoloLens，其实也就是 VR 版本的 Windows 10，操作系统被完全 VR 化，用户身处一个海岸边的别墅内，别墅有花园，有书房，有影音室（图 1.43）。所有 Windows 的软件都可以被放置在这个三维空间内，比如在影音室内，墙面上大屏幕就是 Windows 的媒体播放器，书房内就是浏览器和电子书软件。由于真正 VR 的应用还不是很多，我干脆在三维场景内打开了一个纸牌游戏的窗口，用 VR 手柄玩了将近 30 分钟的纸牌。相信随着 Windows 系统下 VR 应用的不断丰富，较低的硬件成本会给虚拟现实设备的普及率带来较大的提升。

在核心硬件（虚拟现实头盔）发展成熟后，随着计算机技术的发展，针对用户其他感官的输入和反馈设备将会进入市场。让我们还是先来看看小说《头号玩家》中的描述。

图1.43　Microsoft Windows MR 界面（图片来自微软官网）

两只机械手臂扣着公寓的墙和天花板，将椅子吊起。这张椅子可以向任意方向旋转，所以当我在绿洲里坠落、飞翔，或是驾着核动力雪橇前进的时候，它也能通过震动、旋转或是摇晃，让被固定在上头的我也获得真实的体验。

这张椅子附带了一体式的体感衣，它包裹着脖子以下整个身体，通过附带的放松按钮，不用脱下整件衣服我就能退出游戏休息。衣服外侧是一层精细的感受器，上面人工的筋腱和关节可以感受并传输我的动作。内侧的感受器则是用来调节衣服的，不让它与皮肤贴合得过紧，并向其传输电信号。这些功能让我随时感受到绿洲里发生的事情，辅助我在绿洲里更好地行动……

我的体感手套产于日本，特殊的触觉传感器完整地覆盖了手掌，让人能够感觉并操作那些并不存在的东西。

还有我的面罩，这个全新的透视面罩拥有最先进的虚拟视网膜显示屏。它能够将绿洲镜像直接投射到我的视网膜。与这样的绿洲相比，现实世界反而显得粗糙而虚假……

　　我的音频系统由公寓墙壁、地板和天花板上的一系列超薄扬声器组成，可以提供360°的环绕立体声。再加上异常强劲的"雷神之锤"低音炮，足以让每个听者在炮火的轰鸣声中吓得牙齿发颤。

　　为了让效果更加逼真，房间的一角安放了"奥尔法翠斯"气味制造机。它可以模拟出2 000多种不同的味道，玫瑰园的花香、海风的咸味、燃烧的硝石味等都能被完美地再现……

　　在我的触觉椅下面，是全方位跑步机。跑步机占地大约$2m^2$，厚度为6cm。激活跑步机后我可以朝任意方向全速奔跑，而无需担心会跌落平台。如果我改了方向，跑步机也会感受到这种变化，并且变向，使我永远保持在平台的最中央。跑步机还有内置的表面变化系统，以模拟走斜坡和台阶的情况。

　　从上面的小说情节大家可以看到，虚拟现实用户的视觉、听觉、触觉、嗅觉均能得到虚拟场景的反馈，而他的任何身体动作也会作为最核心的人机交流数据输入到计算系统，所以在虚拟世界中，你的体验越来越好是因为你的化身存在于虚拟现实中，并且映射着你在真实世界中行为的追踪结果。到2050年，我们很可能将会用整个身体和所有的感官与我们的计算机进行交流。

　　在更远的将来，当我们的神经科学发展到一定程度，人类大脑的感觉、记忆和认知可以通过计算机编码后，虚拟现实的世界将更加不可思议。"脑机接口""赛博格"这类的概念不在本书中赘述，有兴趣的读者可以首先通过影视动画作品《银翼杀手》《黑客帝国》《攻壳机动队》或科幻小说《神经漫游者》等作品进行了解。但是可以确定的是，如果人类真的进入完全的脑机接口（Brain-machine Interface）时代，人类进行活动的虚拟世界依然是由基础的三维软件生成，再进行编码，从而进一步刺激人类的神经，这样就不用通过现在这样的虚拟现实头盔、数据手套等设备作为信息的输入和输出终端，而是人脑直接和虚拟世界相连接，到那时很可能世界上的大多数人就真的生活在虚拟世界中了。还有更大胆的预测是，未来人们能够通过这种脑机接口形式在虚拟世界中实现永生。

　　虽然我们畅想的虚拟现实的未来世界如此美好，但是同样会遇到诸多的问题。

　　首当其冲的就是个人信息的安全问题。其实在现在这个移动互联时代就已经遇到这个问题了，手机号码透露了我们的真实身份、年龄和性别，我们在网上浏览的痕迹透露了我们的个人喜好。而在虚拟现实中，由于丰富的输入方式，后台系统会收集我们更多的信息，比如习惯动作和爱好等，从而根据爱好进行个性化定制。推销信息引导你的注意力，整理你所感兴趣的历史，影响你的潜意识，量化你的行为……不难想象，在未来，一家在虚拟现实领域占据主导地位的公司会快速积累起海量的私密数据。在现实生活中收集这些数据既昂贵又具有侵犯性，但在虚拟现实中，这么做却是隐秘和廉价的。如果这些数据被居心不良的人利用，那么后果将不堪设想。

　　其次是太过真实的虚拟现实会导致体验者混淆真实世界和虚拟世界，从而产生沉迷虚拟世界或其他心理上的问题。目前很多人在游戏中花费很多时间，是因为游戏世界和现实世界的规则不一样，玩家可以在游戏世界内获得现实世界中很难达到的成就感。未来的虚拟现实世界，如果只是对现实世界的克隆，那意义就不大了。它一定是像现在的游戏一样，构建出无数丰富多彩的虚拟世界，每个虚拟世界都有着不同的规则。但是由于 VR 的世界会过于真实，必定会有人将虚拟和真实的世界混淆，将虚拟世界的规则（例如游戏中的 PK 机制，也就是玩家可以决斗并把对方杀死获取金钱和装备）套用到真实世界，就会引发诸多的法律和社会问题。

　　还记得前面说过苏瑟兰 1968 年发明的虚拟现实设备叫作"达摩克利斯之剑"吧。由于当时的设备又大又沉，悬挂在体验者的头上，所以他才自嘲地给那套设备起了这么个名字。但是谁又能否认这个名字并非预示虚拟现实是一种力量强大却充满危机的技术呢。

　　所以随着时间的推进，虚拟现实的发展越来越快，确实是需要全社会各个学科的专家加入进来，合理运用这种技术，让它对人类社会产生积极的推动作用。

1.5 小结

作为全书的开篇,本章简要地介绍了虚拟现实的发展历史、现状和对未来的展望。不太了解虚拟现实的读者,可以通过本章对虚拟现实有一个相对全面的了解,这也有助于后面章节的学习。由于目前虚拟现实领域发展速度很快,未来会出现很多书中未提及的产品、技术和项目,希望读者们能够持续通过互联网等手段对虚拟现实行业持续关注,保持知识的持续更新。

接下来的章节,大家将循序渐进地熟悉和学习虚幻4,并在本书学习结束后,掌握独立制作 VR 体验场景的能力。未来已来,只是尚未流行,那么请大家准备好,迈出成为未来庞大的虚拟世界创造者的第一步吧!

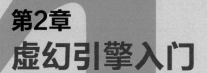

第2章
虚幻引擎入门

本章首先介绍如何安装虚幻引擎4（Unreal Engine 4，UE4），然后讲解如何创建项目以及UE4的操作界面。如果已经熟悉这些内容，可跳过本章。

2.1　安装虚幻引擎

首先，打开 Epic Games 的官方网站，创建 Epic Games 账户并下载 Epic Games Launcher。安装后桌面上出现其快捷方式，如图 2.1 所示。

图 2.1　Epic Games Launcher 的快捷方式

双击该图标，打开 Epic Games Launcher 启动程序，首先会显示登录界面，可以登录或者选择跳过，之后进入欢迎界面，如图 2.2 所示。默认位于"Unreal Engine"选项卡，随着虚幻引擎版本的更新，该界面可能会有所不同。

图 2.2 虚幻引擎 4 的欢迎界面

单击安装引擎按钮下载并安装虚幻引擎的最新版本。根据计算机系统性能的不同，下载并安装将需要 10 ～ 40 分钟的时间。在 Epic Games 启动程序成功下载并安装虚幻引擎后，就可以单击启动按钮了。

左侧菜单包括社区（Community） 学习（Learn） 虚幻商城（Marketplace）和工作（Library）4 个选项卡。值得一提的是，学习（Learn）选项卡提供了一个学习资源主页，这些学习资源包括文档、视频教程及培训项目，文档和视频可以通过这里跳转到主页。其中，内容示例（Content Examples）和 Matinee 项目帮助用户学习引擎功能及如何使用它们。此外，还提供了游戏示例，以展示不同系统如何协同工作来实现一款完整的游戏，这些对于初学者来说非常有帮助。工作（Library）选项卡包括已经安装的引擎版本、创建的工程和保管库。

注意，可以同时安装多个版本，如图 2.3 所示，选择启动某一个版本。

图 2.3　虚幻引擎 4 的引擎版本选择界面

2.2　创建项目

虚幻引擎 4 启动后，显示**虚幻项目浏览器**（**Unreal Project Browser**）窗口。首次运行时，界面如图 2.4 所示。

项目浏览器中的第一个选项卡是**项目**（**Projects**）选项卡，如图 2.5 所示，该选项卡显示了编辑器发现的所有项目的缩略图列表。在默认情况下，该列表包含了安装文件夹中的所有项目、使用编辑器创建的任何项目或者之前打开的任何项目。双击任何缩略图都可以打开那个项目。要想搜索项目，请在**过滤项目**（**Filter Projects**）... 搜索框中输入文本，也可以单击右下角的**浏览**（**Browser**）... 按钮来浏览电脑，选择一个 .uproject 文件并手动打开它。

图 2.4 虚幻项目浏览器（Unreal Project Browser）窗口

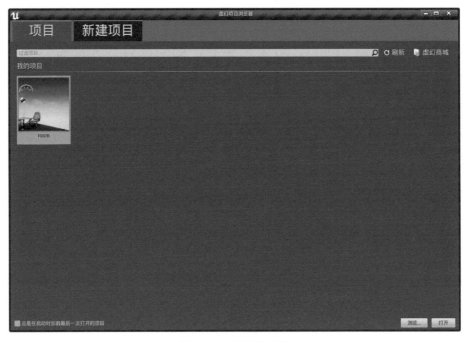

图 2.5 项目选项卡

项目浏览器中的第二个选项卡是 新建项目（New Project）选项卡，我们尚未创建项目，所以需要使用该选项卡。首先，选择模板。虚幻引擎提供 C++ 和蓝图可视化脚本（Blueprint）两种方法创建游戏性元素。程序员可通过 C++ 添加基础游戏性系统，在他们最擅长的 IDE（通常为 Microsoft Visual Studio 或 Apple Xcode）中工作。而设计师则在虚幻编辑器的蓝图编辑器中工作，创建一个新的蓝图类后，可以使用可视化脚本系统来添加组件、创建函数及其他游戏或设计行为，并设置类变量的默认值，不需要写任何 C++ 代码，但是 C++ 代码是可以加入到项目中的。由这两种模板生成的游戏的游玩方式一样，关卡设计、角色行为及相机布局也一样。这里选择空白的蓝图。

项目设置用于根据目标硬件类型的不同来设置不同的项目性能选项。硬件类型是选择游戏的目标平台，这里设置为桌面或游戏机（Desktop/Console），另一个选项是移动设备 / 平板电脑（Mobile/Tablet）；桌面或游戏机选项具有最高质量的画质级别（Maximum Quality），这样可以使用虚幻引擎的所有高级渲染功能。如果游戏的目标平台是移动设备，那么使用可缩放的 3D 或 2D（Scalable 3D or 2D）。因为我们有样板间模型和已经制作好的材质，所以这里选没有初学者内容（No Starter Content）。对于初学者，如果没有预先准备好的模型材质等，建议选择具有初学者内容（With Starter Content），项目中会包含一些材质和简单物体。

接下来，为新建的项目选择存储位置并设置项目名称。因为我们要创建一个样板间的项目，所以这里将项目命名为"apartment"。完成设置后，单击创建项目按钮。

2.3　操作界面

项目创建后，显示虚幻编辑器中的关卡编辑器界面，如图 2.6 所示。关卡编辑器是虚幻编辑器的中心，是构建世界的工具。

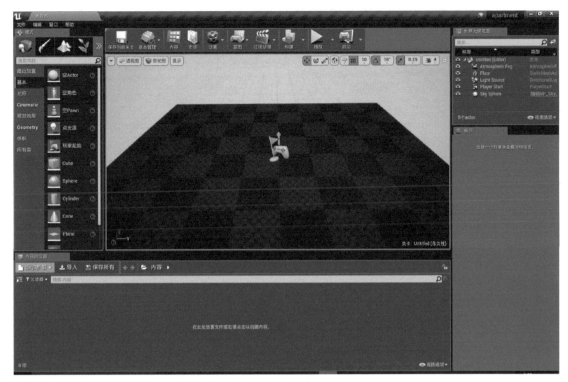

图 2.6　虚幻项目浏览器窗口

下面介绍编辑器中的关键接口元素。编辑器中的工具由多个面板组成，可以对其执行移动、固定、关闭等操作来自定义布局，也可通过窗口菜单访问隐藏的面板。

屏幕的中心区域是主 3D 视口。导航视口最常见的操作是单击并按住鼠标右键进行漫游，还可以在按住鼠标左键或者右键的同时，使用键盘 W、A、S 和 D 键进行漫游。使用视口上方右侧的按钮选择各种工具，来操纵关卡中的 Actor，可以移动、旋转和缩放 Actor。使用视口上方左侧的按钮更改视口的呈现方式，可以使视口显示或隐藏 Actor 的类型，更改要显示的渲染缓冲区，启用线框、禁用光照等。

单击并按住鼠标右键在主 3D 视口中漫游，可以看到空白项目中默认包括一个地面、玩家出生点（位于地面中心，表示为一面旗帜）、天空、太阳、光照（如图 2.7 所示，用红框标识）、大气效果（如图 2.7 所示，用黄框标识）。玩家出生点是指当游戏运行时，玩家出现的位置。

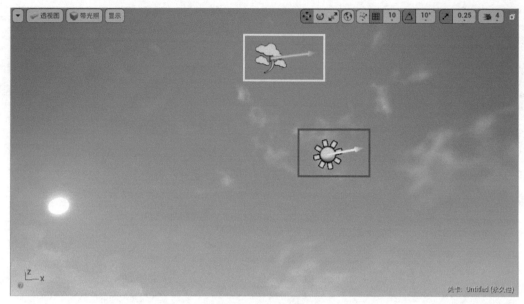

图 2.7　主 3D 视口

屏幕的左侧区域是模式（Modes）面板，包含了可供选择的编辑器的各种工具模式。这些模式可更改关卡编辑器的主要行为以便执行特定任务，例如将新项目放置到世界中、创建几何体和体积、给网格物体着色、生成植被、塑造地貌。

屏幕的下方是内容浏览器（Content Browser），这是虚幻编辑器的主要区域，用于在虚幻编辑器中创建、导入、组织、查看和修改内容资源。它同时提供了管理内容文件夹，以及在资源上执行其他有用操作的功能，比如重命名、移动、复制及查看引用。内容浏览器可以搜索游戏项目中的所有资源并与其交互。

屏幕的右下方是细节（Details）面板，包含特定于当前选择的信息、工具和函数，用于移动、旋转和缩放 Actor 的变换编辑框，显示所选 Actor 的所有可编辑属性，并根据视口中所选 Actor 的类型提供对附加编辑功能的快速访问。

屏幕的右上方是世界大纲视图（World Outliner）面板，以分层树视图的形式显示场景中的所有 Actor，用户可以直接通过场景大纲视图选择和修改 Actor。与内容浏览器中的内容不同，世界大纲视图面板中包含游戏中所有的元素。从世界大纲视图面板中删除元素是安全的，从内容浏览器中删除元素则是危险的，也就是说该元素将彻底从项目中删除，无法恢复。还可以使用列选择器■下拉菜单显示关卡、层或 ID 名称等其他列。虚幻引擎中的层与 3ds Max 中层的概念相同，可以将多个元素归类，便于组织管理。

　　主 3D 视口上方是工具栏，提供了对常用工具和操作的快速访问。单击播放按钮，可以对当前游戏进行测试，按 Esc 键退出播放模式。其中，值得一提的是设置（Settings）→引擎可扩展性设置（Engine Scalability Settings）。当电脑配置比较高时，引擎默认的质量设置如图 2.8 所示，参数都为极高。如果电脑配置较低，某些参数默认设置可能是中或低，就可能会遇到一些问题，例如渲染效果差，设置了灯光但是物体没有影子等。这时将这些质量参数都设置为极高，就可以解决这些问题。

图 2.8　虚幻编辑器的教程对话框

　　编辑器上方是总工具栏，与许多计算机应用程序的工具栏类似，可以访问用于在编辑器中处理关卡的常用工具和命令。

　　编辑器右上角 是显示可用教程…（Show Available Tutorials…）按钮，单击弹出教程（Tutorials）对话框，如图 2.9 所示。对于初学者，这是个非常有用的工具。

图 2.9　虚幻编辑器教程（Tutorials）对话框

　　UE4 的界面语言默认与操作系统的语言保持一致，中文版系统默认会调用中文版的 UI。如果要切换成英文版，可以在主菜单栏中单击编辑（Edit），在弹出的下拉菜单中选择编辑器偏好设置（Editor Preferences），如图 2.10 所示。

　　在弹出的编辑器偏好设置对话框（如图 2.11 所示）中找到区域 & 语言（Region & Language），单击这个选项，在编辑器语言（Editor Language）中选择"英文"即可。为了保证下次启动的时候还是保持英文，建议单击右上方的设置为默认值（Set as Default）按钮。

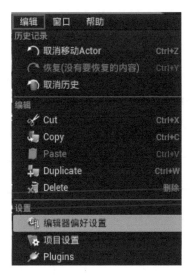

图 2.10 编辑（Edit）的下拉菜单

图 2.11 编辑器偏好设置（Editor Preferences）对话框

2.4 UE4 文件夹命名

这里按照官方命名方式总结了一个UE4文件夹的命名模板，如图2.12所示。

首先，一个项目包括资源（Assets）和关卡（Maps）两个文件夹，资源（Assets）文件夹中包括声音（Audio）、蓝图（Blueprint，BP）、特效（Effects）、材质（Materials）、对象（Meshes）、纹理贴图（Textures）等文件夹。在添加内容时，按照内容属性进行归类，可以方便后期查找和处理。例如，每将 3ds Max 里的一个层导入 UE4 中，就要在 Meshes 里新建一个文件夹。注意，所有文件夹必须使用英文命名。通常，一个场景中包含很多不同材质的对象，当材质很多时，可以将材质按照布料（Cloth）、玻璃（Glass）、地面（Ground）、墙面（Wall）、金属（Metal）、木质（Wood）等作进一步细分。

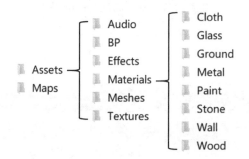

图 2.12　UE4 文件夹的命名模板

在内容浏览器（Content Browser）中的空白处单击右键，在弹出菜单中选择新建文件夹（New Folder），将其命名为 Assets。按照同样的操作新建其他文件夹。值得一提的是，内容浏览器中的大部分操作是通过右键菜单来完成的，虽然看起来包含的选项并不多，但实际上内容非常丰富。

2.5　小结

本章首先介绍了如何安装虚幻引擎 4（UE4）和新建项目；然后介绍了虚幻编辑器的中心——关卡编辑器的操作界面，包括主 3D 视口、模式（Modes）面板、内容浏览器（Content Browser）、细节（Details）面板、世界大纲视图（World Outliner）面板、工具栏等模块；最后，基于官方命名方式总结了一个 UE4 文件夹命名模板，在项目文件较多时便于管理。

第3章
样板间场景创建

本章讲解样板间场景的创建，包括模型简化、模型分层和UV贴图设置等模型处理，从3ds Max中将模型导出为UE4可用的模型，并导入UE4，最终创建样板间场景。

3.1 模型处理

本章操作使用的模型处理软件是 Audodesk 3ds Max 2017。需要注意的是，在 3ds Max 中只进行模型的创建、分层、制作 2 套 UV 的操作，而模型材质、灯光等效果都是在虚幻引擎中完成的。

3.1.1 样板间模型预览

样板间模型如图 3.1 所示，包含客厅、卧室、厕所等多个房间，还包括各种各样的家具和装饰。后续章节将根据该场景讲解材质设置、灯光设置和后期处理效果。

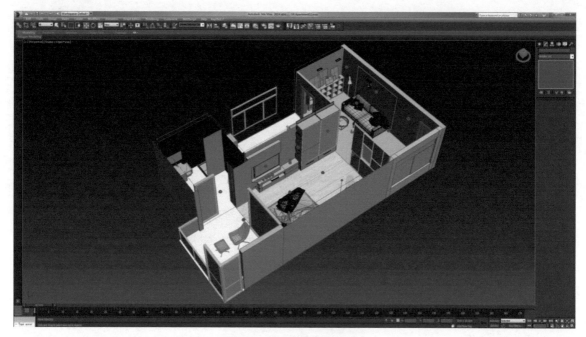

图 3.1　样板间模型预览

该模型的 3ds Max 源文件可从异步社区下载。

3.1.2　模型简化

首先，一套优秀的模型制作精度一定要高，对目标场景或者产品的还原程度要尽可能高；其次是模型的面要简化，这是为了后期渲染和贴图做准备。如果模型的碎面过多，在渲染时耗费电脑资源也多，会为制作过程带来不必要的时间和经济浪费。如果是做静态的模型展示，那么建模精度一定要高，才能看出细节的变化，而且由于只是静态的展示，所以单张图片的渲染不会对电脑内存占用过多。但是，在虚拟现实场景中，由于是动态的实时渲染，而且需要看模型的光影效果，非常耗费电脑资源，所以模型简化尤为重要。

模型简化的一种方法是"塌陷"。建立模型的时候，有很多命令附加在模型上面，而软件运行时，电脑内存会对这些命令进行记录和存储，占用很大一部分内存和影响 CPU 的使用，进而拖慢电脑的速度，对模型进行塌陷操作后会去除这些多余的命令，使得模型携带的数据变少，这样便于后期渲染。具体操作如下。

（1）在 🔧 实用程序（Utilities）面板中单击塌陷（Collapse）按钮，展开塌陷模块，如图 3.2 所示。

（2）选择一个或多个要塌陷的对象。

（3）选择输出类型（Output Type），即塌陷之后产生对象的类型。

图 3.2 塌陷（Collapse）工具

➢ 修改器堆栈结果（Modifier Stack Result）表示生成的对象就像塌陷了

其堆栈一样。在大多数情况下，当使用"网格"选项时生成一个网格对象。然而，如果对象具有"编辑面片"修改器，这将使堆栈产生一个面片，结果将是一个面片对象而不是网格对象，正如使用"编辑样条"修改器的对象形状变为可编辑样条线一样。使用此选项时，下面的塌陷为（Collapse To）选项为不可用状态，且所有选中的对象仍是独立对象。

➢ 网格（Mesh）表示所有选中对象都变为可编辑网格，而不考虑其塌陷之前的类型。

（4）选择塌陷为（Collapse To）选项，指定如何合并选中对象。仅当输出类型（Output Type）为网格（Mesh）时，此选项可用。

➢ 多个对象（Multiple Objects）表示塌陷每个选中的对象，但仍保持每个对象的独立。选中此选项后，将禁用布尔（Boolean）选项。

➢ 单个对象（Single Object）表示塌陷所有选中对象使其成为一个可编辑网格对象。启用布尔（Boolean）选项后，对选中对象执行布尔运算。

♦ 并集（Union）指合并几个对象，去除相交几何体。

♦ 交集（Intersection）指去除相交几何体以外的所有几何体。

♦ 差集（Subtraction）指保持选中的第一个对象，并从中减去以后选中的对象。注意，在塌陷前选中的第一个对象是将其他对象从中减去的对象。

需要说明的是，塌陷前的对象可能包含比较多的信息，如编辑修改器等，这些编辑修改器可以改变参数。经过塌陷后，对象丧失了原有的编辑修改器的编辑功能，所包含的修改信息都丧失了。所以，对一些不太重要的模型采用此操作，可以减少整体的模型量。但是对于重要的模型，例如阴影需要清晰显示的模型，就不能采用塌陷操作。

3.1.3　模型分层

3ds Max 中的模型分层是将同一类模型放入一个层级，可以用这种方式来简化模型数量多的复杂场景。这样在导入到虚幻引擎后，方便对该层中的所有模型进行统一查找和操作。

在主工具栏上，单击切换层资源管理器（Toggle Layer Explorer），如图 3.3 所示。或者在任何工具栏的空白部分单击鼠标右键，并从菜单中选择层（Layers），打开层（Layers）对话框，如图 3.4 所示，该工具栏在默认情况下不会打开。在层（Layers）对话框中可以进行创建新层、将选择添加至当前层、选择当前层中的对象和将当前层设置为选择层等操作。

图 3.3 主工具栏中的切换层资源管理器（Toggle Layer Explorer）

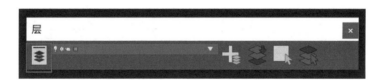

图 3.4 层（Layers）对话框

层资源管理器（Layer Explorer）对话框列出了场景中的所有层和对象，如图 3.5 所示。层资源管理器（Layer Explorer）是一种显示层及其关联对象和属性的场景资源管理器（Scene Explorer）模式，用来创建、删除和嵌套层以及在层之间移动对象，还可以查看和编辑场景中所有层的设置以及与其相关联的对象。在该对话框中，对象在层次列表中按层组织。通过单击 ▶ 或 ▼，展开或折叠各个层的对象列表。要展开或折叠一个层及其所有子层，按住 Ctrl 键的同时单击箭头图标。要展开层，同时选择层及其内容，双击该层的名称；要基于特定属性对所有层排序，单击排序所依据的属性的列表头。

如图 3.5 所示，样板间的模型根据简化后的模型复杂度，进一步按照床、书柜、椅子、门、电器、家具、灯具、墙、厕所等语义分层。如果某一类的模型量仍然比较大，可以进一步分层，例如这里将家具分为 furniture 和 furniture2 两层。后续导出模型时按照分层，每一层分别导出，所以这里为了看起来清晰，采用两级分层，而没有使用多级分层。如何分层并没有统一的标准，根据经验权衡模型语义和模型量，目的是方便后续的模型查找和操作，此外，每层模型量尽可能均衡。

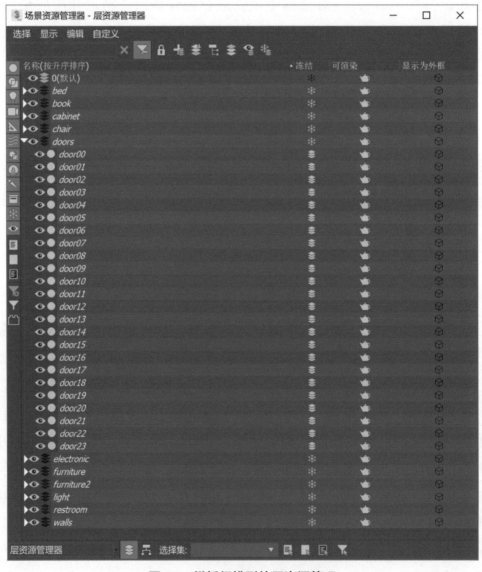

图 3.5　样板间模型的层资源管理

将模型分层后，建议将每一层中的模型统一命名。例如，将 doors 这一层中的模型统一命名为以 door 为前缀，并顺序编号。具体操作如下：将 doors 这一层下面的模型全部选中，单击鼠标右键，并从菜单中选择重命名（Rename），打开重命名对象（Rename Objects）对话框，如图 3.6 所示。在基础命名（Base Name）中填写"door"，同时勾选编号（Numbered），默认基础编号为 0，步长为 1。这样，将该层模型导入到虚幻引擎之后，在虚幻引擎的内容浏览器中，输入"door"就可以找到该层中的所有模型。

图 3.6 重命名对象（Rename Objects）对话框

3.1.4 制作 2 套 UV

在默认情况下，虚幻引擎的"光照贴图"使用的是"2 套 UV"，有如下注意事项：

> 完全摊平；

> 不重叠；

> ➤ 不镜像翻转；
> ➤ 不超出框架；
> ➤ 保证 UV 间隙均匀的情况下，能占多满占多满；
> ➤ 越是主要的部分要分配的 UV 面积越多，因为为贴图所分配的像素是一定的，面积越大分配的像素就越多，光影烘焙后就会越清晰；
> ➤ 允许拉伸，最好弄成四四方方的。

选择一个模型，首先给它一个"UVW 展开"命令，并且贴图通道设置为 2。具体操作如下。

（1）转至 ⬚ 修改（Modify）面板。打开修改器列表（Modifier List）下拉列表，然后选择 UVW 展开（Unwrap UVW），如图 3.7 所示。

图 3.7　修改器列表（Modifier List）下拉列表

（2）单击 ▶ 图标，以打开 UVW 展开（Unwrap UVW）层次。

（3）单击多边形（Polygon）子对象层级以将其激活，如图 3.8 所示。

图 3.8　激活多边形（Polygon）子对象

（4）在通道（Channel）面板中，将贴图通道设置为2，如图3.9所示。3ds Max中默认的贴图通道是1，而UE4中"光照贴图"使用的贴图通道是2，因此必须将其修改为2，否则将模型导入到UE4，在"构建"之后会遇到物体发黑的问题。通常造成这种现象的原因是"没有2套UV""2套UV重叠"或者"2套UV超出范围"等。

图3.9 通道（Channel）面板

接着，打开UV编辑器，进行贴图展开的具体操作，操作步骤如下所示。

（1）在编辑UV（Edit UVs）面板中，单击打开UV编辑器…（Open UV Editor…）按钮，如图3.10所示。

图3.10 编辑UV（Edit UVs）面板

（2）弹出编辑 UVW（Edit UVWs）对话框，如图 3.11 所示。

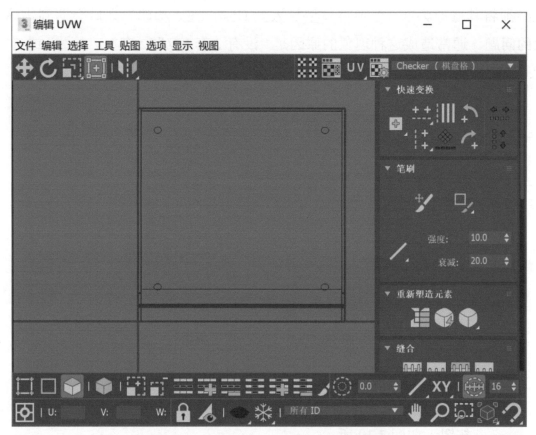

图 3.11　编辑 UVW（Edit UVWs）**对话框**

（3）在编辑 UVW（Edit UVWs）对话框中对多边形执行全选操作（Ctrl+A），单击菜单中的贴图（Mapping），选择展平贴图…（Flatten Mapping…），如图 3.12 所示。

（4）在弹出的展平贴图（Flatten Mapping）对话框（图 3.13）中单击确定（OK）按钮，这里面的选项保持默认。这一步的参数比较复杂，初学者可以不做修改，也可以修改数值，观察其发生的变化。

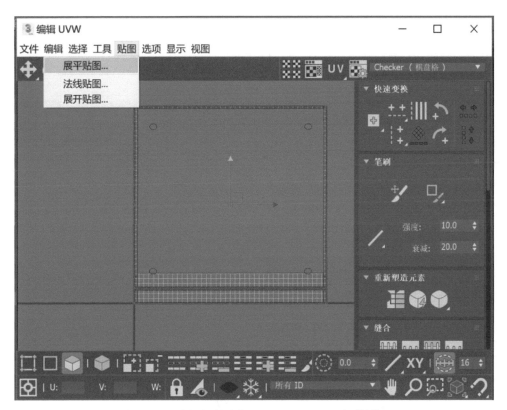

图 3.12 展平贴图（Flatten Mapping）操作

图 3.13 展平贴图（Flatten Mapping）对话框

（5）结果如图 3.14 所示，会发现所有的多边形都平铺在正方形框内。这个正方形就可以理解为贴图所分配的像素集合，它的面积是一定的。在这个正方形内面积越大的多边形所分配到的像素点就越多，光影烘焙后就越清晰。

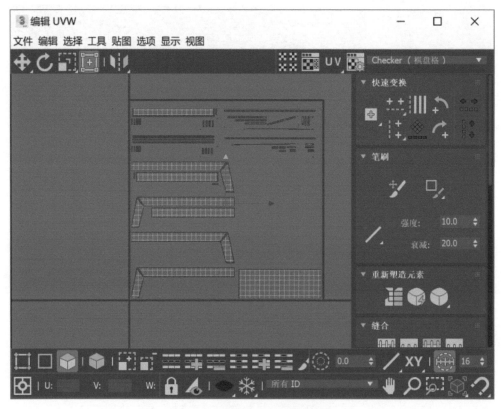

图 3.14　编辑 UV 后的结果

这种方法简单快速，但是会造成大量的 UV 空间被浪费，因此对于有经验的设计者，建议手动分割。技巧是首先将 UV 简单地分割，使其分布得尽可能松弛；然后，将 UV 全部拉成四边形，将模型中看不见的部分，比如底部，尽量缩小（因为看不见，所以就不需要太多的光照面积）；最后，将所有四边形铺满整个正方形。

这样"2 套 UV"就完成了。需要说明的是，网站上提供的样板间模型中所有的模型都已经创建了"2 套 UV"。

3.2　3ds Max 导出模型

将模型导出为 FBX 格式的文件。FBX 文件是 Autodesk 旗下核心的可交换型 3D 模型格式，能保留很多信息，是当前主流的格式之一，但是对模型量有一定限制。这里将模型按照分层，每一层分别导出。注意，在导出模型之前，要将导入 UE4 后仍可移动的模型的移动轴放在 3ds Max 的世界中心。

以层"bed"为例，将模型导出为 FBX 文件的具体操作如下。

（1）在层资源管理器（Layer Explorer）中，将层 bed 视为可见，选中该层中的所有模型，如图 3.15 所示。

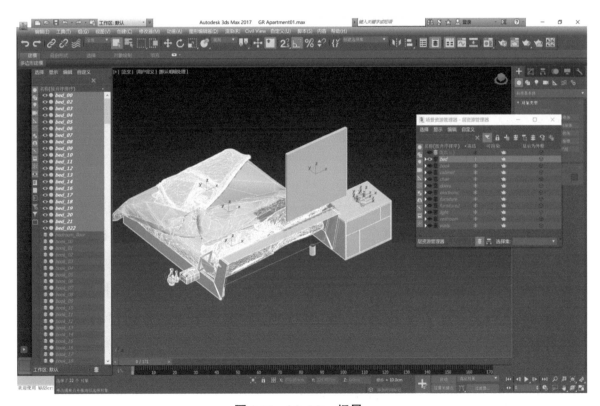

图 3.15　3ds Max 场景

（2）依次单击 3ds Max 图标→导出（Export）→导出选中对象（Export Selected），如图 3.16 所示。

图 3.16　导出选中对象（Export Selected）选项

（3）弹出选择要导出的文件（Select File to Export）对话框，如图 3.17 所示，选择文件导出位置，设置文件名为 bed，在保存类型的下拉菜单中选择 FBX 格式。

（4）单击保存（Save）按钮，弹出 **FBX 导出（FBX Export）**参数设置对话框。展开几何体（Geometry）选项，参照图 3.18 进行设置，其他选项保持默认。值得一提的是三角算法（Triangulate）选项，它是让 FBX 导出器三角化网格物体。虚幻引擎中的网格物体必须进行三角化处理，因为图形硬件仅处理三角形，所以需要勾选上三角算法（Triangulate）这个选项。

（5）单击确定（OK），导出完成。

按照上述步骤，将样板间模型按照分层，每一层单独导出一个 FBX 文件。样板间导出的所有 FBX 文件可从异步社区下载。在下一节，我们将这些 FBX 文件导入到 UE4 中。

图 3.17 选择要导出的文件（Select File to Export）对话框

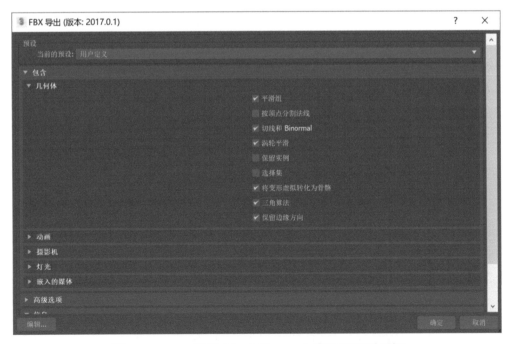

图 3.18 FBX 导出（FBX Export）参数设置对话框

3.3 UE4 导入模型

本节讲解如何将 FBX 格式的模型导入到 UE4 中。根据第 2 章介绍的 UE4 文件夹命名模板，我们将导入的模型放在内容管理器的 Assets → Meshes 文件夹下。具体操作如下。

（1）在内容浏览器（Content Browser）中鼠标左键双击进入 Assets 文件夹，空白处单击鼠标右键，在弹出菜单中选择新建文件夹（New Folder），将其命名为 Meshes。

（2）双击进入 Meshes 文件夹，在该目录下新建文件夹，命名为 walls。

（3）双击进入 walls 文件夹，单击内容浏览器（Content Browser）上方的 导入 导入（Import）按钮，弹出导入（Import）对话框，找到 3ds Max 导出模型文件的目录，并选择 walls.FBX，如图 3.19 所示。

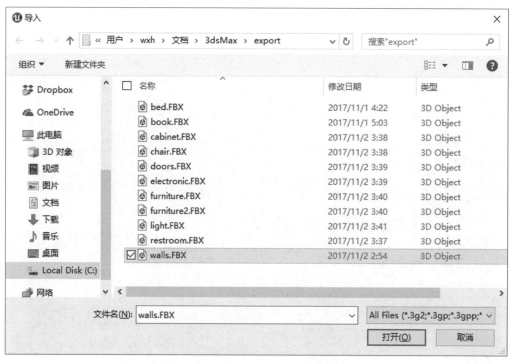

图 3.19 导入（Import）对话框

（4）单击**打开**（**Open**）按钮，弹出 **FBX 导入选项**（**FBX Import Options**）对话框，如图 3.20 所示，参数默认不变即可。

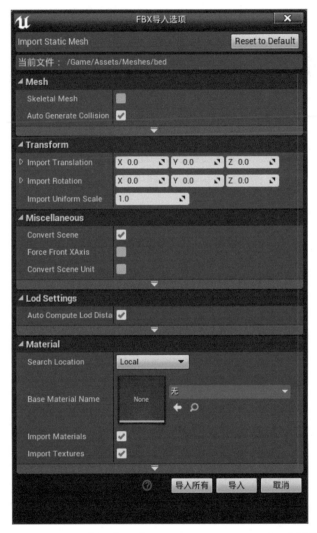

图 3.20 FBX 导入选项（FBX Import Options）**对话框**

（5）单击**导入**（**Import**）按钮，此时弹出信息日志对话框，将其关掉。这时已经将 walls.FBX 导入到**内容浏览器**（**Content Browser**）中，如图 3.21 所示。当一次选择多个 FBX 文件导入时，单击**导入所有**（**Import All**）按钮，同时导入多个 FBX 文件。建议每个 FBX 文件单独导入，并且每个 FBX 导入的模型放到一个新建文件夹下，因为这里每个 FBX 文件已经包含很多模型，放到一起容易混淆，也失去了在 3ds Max 中模型分层的意义。

图 3.21　内容浏览器中导入的墙模型

（6）将 walls 文件夹下的模型全部选中（按 Ctrl+A 组合键或者用鼠标框选），单击鼠标左键将其拖曳到场景中，同时在细节（Details）面板中单击 ↺（如图 3.22 中红框标识）按钮将所有模型位置归 0。这样，当样板间全部模型导入完毕后，它们的相对位置就与 3ds Max 中保持一致。

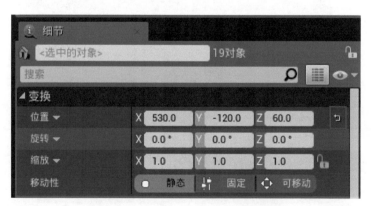

图 3.22　设置细节（Details）面板

（7）按照上述步骤，导入 bed.FBX，保存在 bed 文件夹下，同时将其拖曳到场景中。单击内容浏览器（Content Browser）中的 ⊞ 显示或隐藏源码面板（Show or hide the sources panel）按钮可以展开内容浏览器中的全部资源，此时包含的内容如图 3.23 所示。

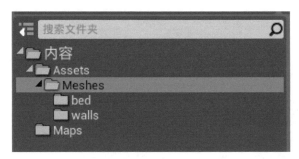

图 3.23 内容浏览器（Content Browser）**中的源码面板**

（8）在主 3D 视口中进行漫游（一种方式是单击并按住鼠标右键，另一种方式是按住鼠标左键或者右键的同时，使用键盘 W、A、S 和 D 键），查看当前导入的模型，如图 3.24 所示。

如图 3.24（b）所示，我们发现屋内太暗，这是因为该场景中只有一处太阳光。为了便于查看模型导入是否正确，我们临时给屋内设置一些光照。单击屏幕左侧区域的模式（Modes）面板，选择光照（Lights），单击天空光源（Sky Light），如图 3.25 所示。

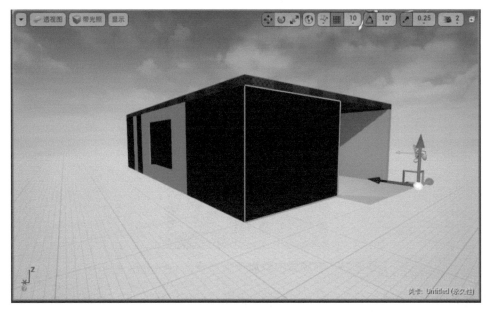

（a）整体房间模型
图 3.24 主 3D 视口查看当前导入的模型

（b）房间内部床模型

图 3.24　主 3D 视口查看当前导入的模型（续）

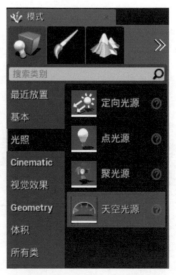

图 3.25　在场景中添加天空光源（Sky Light）

　　将其拖曳到场景中，放置在屋顶，此时效果如图 3.26 所示。具体光照设置将在第 5 章详细介绍。

图 3.26　光照的场景效果

因为该场景面积较小，所以在漫游时感觉速度太快。这时需要设置相机速度，单击主 3D 视口上方右侧的相机速度（Camera Speed）按钮，如图 3.27 所示，设置漫游速度，值越小速度越慢。

图 3.27　设置相机速度（Camera Speed）

按照上述操作将样板间的所有模型导入到虚幻引擎中。导入后的 UE4 工程文件可以从异步社区下载。

下面简要说明一个容易出现的错误。如果导入模型后，发现模型表面出现"INVALID LIGHTMAP"字样，如图 3.28 所示，那是因为该模型没有创建 2 套 UV。

图 3.28　缺少 2 套 UV 模型的错误信息提示

解决方案是重新回到 3ds Max，找到该模型，为其创建 2 套 UV。然后将模型所在层的所有模型一起导出，与原来的 FBX 文件命名相同，并覆盖原来的文件。注意，要将这一层的所有模型全部导出，而不是只导出该模型。接着，在 UE4 中更新模型，具体操作如下。

（1）在主 3D 视口中找到有错误的模型，单击鼠标右键，在弹出的资源（Asset）菜单选择第一项在内容浏览器中查找（Find in Content Browser），如图 3.29 所示。

图 3.29　资源（Asset）菜单

（2）这时，内容浏览器中的这个模型源文件被选中，单击鼠标右键，在弹出菜单选择重新导入（Reimport），如图 3.30 所示，即可完成模型的更新。

需要注意的是，重新导出的 FBX 文件要与原来的 FBX 文件命名相同，并覆盖原来的文件。因此，不需要像首次导入那么麻烦，这也正是要在 3ds Max 中将该层模型整体导出的原因。

图 3.30　内容浏览器的模型右键菜单

3.4　小结

　　本章以样板间场景为例讲解模型处理，分为 3 个部分。建模可以通过 Audodesk 3ds Max、Maya 等很多工具完成，不属于本书范畴。本章首先介绍了模型构建后的一些操作，需要使用 Audodesk 3ds Max 软件完成包括模型简化、模型分层和制作 2 套 UV 等工序。模型简化是为了提高虚拟现实场景的渲染效率，这里介绍了一种常用方法——"塌陷"。模型简化后仍然包含很多模型，可以使用模型分层方法进行模型管理。由于虚幻引擎的光照贴图使用的是 2 套 UV，这里介绍了 UV 贴图设置操作。然后，介绍了从 3ds Max 中将模型导出为 UE4 可用的模型。最后，讲解如何将模型导入 UE4，最终创建样板间场景。

第4章
材质操作

材质（**Material**）是应用到网格物体上的资源，控制场景的可视外观。从较高的层面上来说，可能最简单的方法就是把材质视为应用到一个物体的"描画"。但这种说法也会产生一点点误导，因为材质实际上定义了组成该物体所用的表面类型。用户可以定义它的颜色、光泽度以及是否能看穿该物体等。

用更专业的术语来说，当穿过场景的光照接触到物体表面后，材质用来计算该光照如何与物体表面进行互动。这些计算是通过对材质的输入数据来完成的，而这些输入数据来自于一系列图像（贴图）、数学表达式以及材质本身所继承的不同属性设置。

本章首先介绍用于材质操作的材质编辑器，然后讲解如何创建不同类型的材质，包括漆面、玻璃、金属、墙面、木质、布料等。通过创建最简单的漆面材质，熟悉如何创建材质和给模型赋予材质。通过介绍稍微复杂的玻璃材质，教会大家阅读复杂的材质。接着讲解如何使用材质实例进行资源优化，并基于材质实例创建墙面、木质和布料材质。

4.1 材质编辑器界面

材质编辑器提供了基于节点的图形化编辑着色器的功能。通过在一个材质资源上双击或者在右键菜单选择编辑（Edit），都能打开材质编辑器。无论哪种方式，都会在打开后的材质编辑器中显示该材质并可以直接进行编辑。

在打开材质编辑器之前，将样板间的贴图文件导入到内容浏览器中备用。样板间的贴图文件可以从异步社区下载。在内容浏览器（Content Browser）的 Assets 文件夹下，新建文件夹并将其命名为 Textures。双击进入 Textures 文件夹，单击内容浏览器（Content Browser）上方的导入（Import）按钮，在弹出的导入（Import）对话框，找到贴图文件所在目录，全部选中这些文件，将所有贴图文件导入。

现在，新建材质并打开材质编辑器。具体操作是：在内容浏览器（Content Browser）的 Assets 文件夹下，新建文件夹，命名为 Materials。双击进入 Materials 文件夹，单击鼠标右键，在弹出菜单中选择材质（Material），或单击内容浏览器上方的添加新项（Add New）按钮，并在下拉列表中选择材质（Material），如图 4.1 所示。

图 4.1　添加新项（Add New）的下拉菜单

这里将材质命名为 wall。双击 wall 材质，打开材质编辑器，如图 4.2 所示。

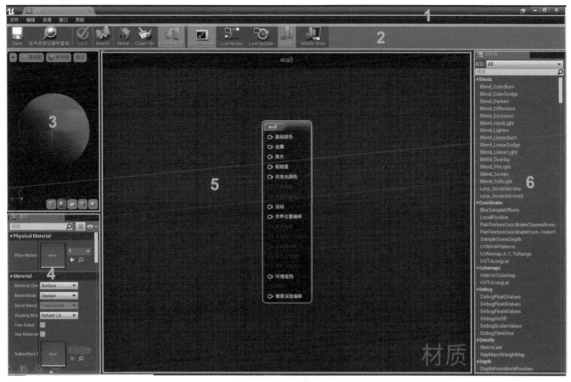

图 4.2 材质编辑器 UI

材质编辑器 UI 由菜单栏、工具栏和默认的 4 个开启面板组成。

（1）菜单栏——列出当前材质的菜单选项。

（2）工具栏——含材质使用工具。

（3）视口面板（Viewport Panel）——预览材质在网格体上的效果。

（4）细节面板（Details Panel）——列出材质、所选材质表现或函数节点的属性。

（5）图表面板（Graph Panel）——显示创建材质着色器指令的材质表现和函数节点。

（6）控制板面板（Palette Panel）——列出所有材质表现和函数节点。

图表面板（Graph Panel）是材质编辑器中心的大面积网格区域，包含属于该材质的所有材质表现的图表。每个材质默认包含一个单独基础材质节点，如图 4.3 所示。

图 4.3　基础材质节点

基础材质节点拥有一系列输入，每个都与材质的一个方面相关。我们创建的网络最终将连接到基础材质节点上的一个（或多个）引脚。

➢ 基础颜色（Base Color）：定义材质的颜色。

➢ 金属（Metallic）：定义材质接近金属的程度，由低到高的取值范围是 0～1。

➢ 高光（Specular）：调整的是非金属材质的高光反射强度，对金属材质无效。默认取值 0.5，在大多数情况下不需要设置。

➢ 粗糙度（Roughness）：定义材质的粗糙程度。数值越低的材质镜面反射的程度就越高，也就是越光滑；数值越高就倾向于漫反射，也就是越粗糙。

> 自发光颜色（Emissive Color）：定义材质自主发出光线的参数。超过 1 的数值会被视为 HDR 参数，产生泛光的效果。高动态范围成像（简称 HDRI 或 HDR）是用来实现比普通图像技术更大曝光动态范围（即更大的明暗差别）的一组技术。

> 不透明度（Opacity）：定义材质的不透明度。

> 不透明蒙板（Opacity Mask）：输出结果只有可见和完全不可见两种。

> 法线（Normal）：用于连接法线贴图。

> 世界位置偏移（World Position Offset）：使得材质可以控制网格在世界空间中的顶点位置。

> 世界位移（World Displacement）：与世界位置偏移（World Position Offset）属性类似，不过只有在设置 Tessellation 属性时才起作用。

> 多边形细分乘数（Tessellation Multiplier）：只有在设置 Tessellation 属性时才起作用，决定瓷砖贴片的个数。

> 次表面颜色（Subsurface Color）：只有 Shading Model 为 Subsurface 时才有效，用于模拟在光线透过表面之后会有第二种表面颜色反射的情况。

> 环境遮挡（Ambient Occlusion）：用于连接 AO 贴图。

> 折射（Refraction）：用于调整透明材质的折射率。

最常用的是基础颜色（Base Color）、金属（Metallic）、高光（Specular）、粗糙度（Roughness）、自发光颜色（Emissive Color）和法线（Normal）属性。下面通过具体案例陆续介绍这些输入的功能和用法。

4.2 材质编辑器基本操作

在材质编辑器中创建节点主要有以下 3 种方式。

（1）在控制板面板中，单击节点并将其拖入图表视图中。

（2）在图表视图空白处右键单击，弹出上下文菜单，查找选择后在光标位置创建节点。

（3）创建某些节点可以使用热键。按住以下其中一个键并左键单击材质图表区域的任意位置。

➢ 1、2、3 或 4：创建向量常量节点。

➢ U：贴图坐标（UV 坐标）节点。

➢ T：贴图取样器节点。

➢ S 或 V：创建标量或向量参数。

➢ M 或 D：创建加法、乘法和除法节点。

在材质编辑器中删除节点主要有两种方式：一种是鼠标左键单击选中节点，单击键盘 Del 键；另一种是鼠标左键单击选中节点，鼠标右键单击，弹出右键菜单，选择 Delete（删除）。

创建节点后，有时需要移动节点对它们进行布局，以便阅读。移动节点的操作是，鼠标左键单击选中节点，继续按住鼠标左键，在图表视图中拖动鼠标，节点会随之移动。

当图表面板中节点很多时，当前图表面板显示不下所有的节点，则需要移动和缩放材质图表。移动材质图表的操作是，按下鼠标右键，在材质图表（当前突出显示为绿色的窗口）中拖动鼠标，就可以实现上下左右平移图表。同时还可以使用鼠标滚轮放大和缩小图表。如果拖动后找不准位置，则始终可以通过单击工具栏中的主页（Home）按钮返回最后一个输入节点。

下面我们添加一些简单的节点来创建材质，让大家对材质编辑器的基本操作有初步的认识。

最简单常用的节点之一是常量节点，共有 Constant（常量）、Constant2Vector（常量 2 向量）、Constant3Vector（常量 3 向量）和 Constant4Vector（常量 4 向量）4 种。Constant（常量）输出单个浮点值，可连接到任何输入，而不必考虑该输入所需的通道数。Constant2Vector（常量 2 向量）输出两个常量数值。Constant3Vector（常量 3 向量）输出 3 个常量数值，可以将 RGB 颜色看作 Constant3Vector，其中每个通道都被赋予一种颜色（红色、绿色、蓝色）。Constant4Vector（常量 4 向量）输出 4 个常量数值，可以将 RGBA 颜色看作 Constant4Vector（红色、绿色、蓝色、阿尔法）。

4.2.1 设置材质颜色

使用 Constant3Vector（常量 3 向量）为材质设置颜色。有多种方式将 Constant3Vector 节点添加到材质图表中。这里，我们通过按下键盘上的数字 3 键，并单击鼠标左键来添加该节点，将其放置到图表中的任意位置，结果如图 4.4 所示。

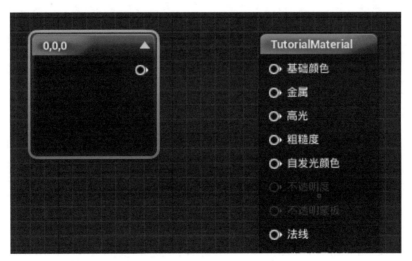

图 4.4　添加 Constant3Vector（常量 3 向量）节点

给 Constant3Vector 节点着色，有多种方法更改颜色。最简单的方法是使用鼠标左键双击 Constant3Vector 节点，打开颜色选择器（Color Picker），选择一种颜色。如图 4.5 所示为选择红色。

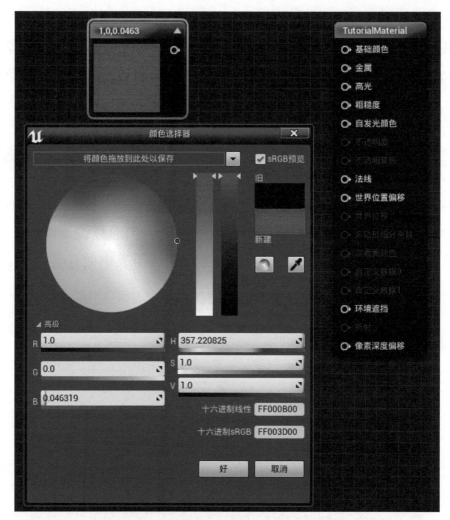

图 4.5 打开颜色选择器（Color Picker）

还可以在 Constant3Vector 节点的细节面板中设置 R、G、B 这 3 个通道的值，取值范围是 [0, 1]，如图 4.6 所示。

节点可独立执行的操作较少，所以必须将节点连接在一起。连线操作很简单，鼠标左键单击节点的一个引脚，按住鼠标拖动到另一个节点的引脚即可，如图 4.7 所示。按住 Alt 键，同时鼠标左键单击连线或者引脚，即可删除连线。

图 4.6 Constant3Vector 节点的"细节（Details）面板"

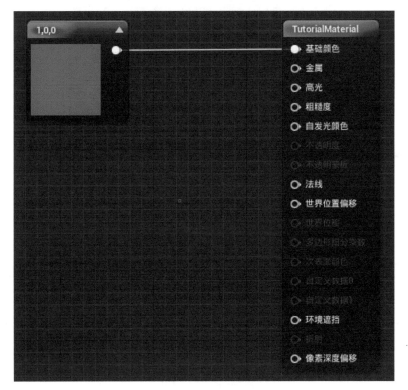

图 4.7 节点连线

设置完成后，可以在视口面板中预览已完成的着色器的外观，如图 4.8 所示。使用鼠标左键拖动旋转预览对象，鼠标右键拖动缩放预览对象，鼠标中键拖动平移预览对象，还可以长按 L 键同时鼠标左键拖动实现旋转光源方向。要更改预览对象的形状，可以使用视口面板右下方的"形状"按钮。第一个按钮是将预览对象的形状更改为圆柱体，第二个是球体，第三个是平面，第四个是盒体，第五个看起来像小茶壶的图标是使用当前在内容浏览器中选定的网格。

图 4.8　视口面板中预览着色器外观

4.2.2　设置纹理贴图

Textures（贴图）是在材质中使用的图像，它们被映射到应用材质的表面。要么贴图被直接应用，例如基础颜色贴图；要么贴图的像素值被作为蒙板或其他计算方法在材质中使用。在一些实例中，在材质外部也可以直接使用贴图，例如绘制到 HUD。大多数情况下，贴图是在图像编辑软件中创建的，如 Photoshop，然后通过内容浏览器导入到虚幻编辑器中。然而，一些贴图是在 UE4 中生成的，例如渲染贴图。通常情况下，我们会从场景中选取一些信息，然后将其渲染为可在其他地方使用的贴图。

　　设置纹理贴图使用 Texture Sample（纹理取样）节点，此纹理可以是常规 Texture2D（包括法线贴图）、立方体贴图或电影纹理。首先，添加 Texture Sample（纹理取样）节点。通过按下键盘上的 T 键，并单击鼠标左键来添加此节点，或者在控制板面板中输入 Texture Sample 搜索添加。

　　接着，设置 Texture（纹理）属性，指定表达式所取样的纹理。设置纹理属性有多种方式。

　　（1）在内容浏览器（Content Browser）中选择一个纹理，这里选择一个木制纹理，文件名为 AM149_set5_wood。然后，在此表达式的属性窗口中选择 Texture（纹理）属性，并单击使用当前选择（Use Current Selection）按钮，如图 4.9 所示。

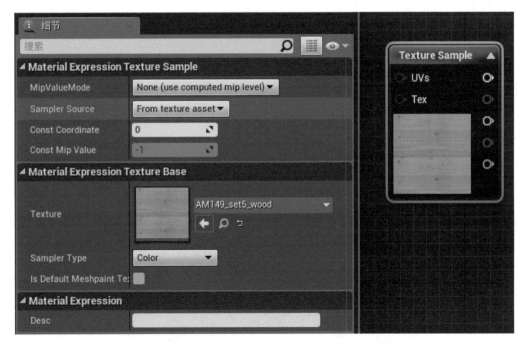

图 4.9　Texture Sample（纹理取样）节点的细节信息

　　（2）将材质编辑器窗口缩小，在内容浏览器（Content Browser）中选择一个纹理，拖入到材质编辑器中"Texture Sample（纹理取样）"细节面板的 Texture 属性中，如图 4.10 所示。

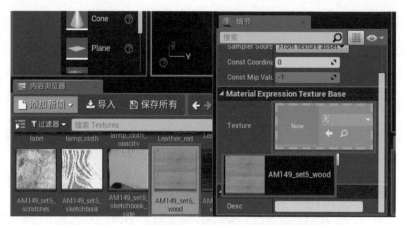

图 4.10　将内容浏览器中的纹理拖入到材质编辑器

（3）不需要新建 Texture Sample（纹理取样）节点，直接将内容编辑器中的纹理拖入到材质编辑器，材质编辑器将自动创建 Texture Sample（纹理取样）节点，并将该纹理赋值给 Texture（纹理）属性。

最后，将 Texture Sample（纹理取样）节点的白色引脚与基础材质节点的基础颜色（Bas Color）引脚相连，Texture Sample（纹理取样）的其他属性保持默认，就可以得到一个木头质感的纹理，如图 4.11 所示。

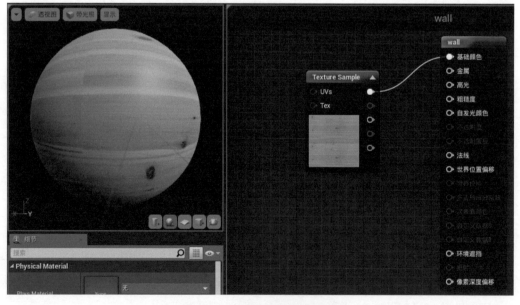

图 4.11　木质纹理贴图结果

4.2.3 设置金属属性

金属（Metallic）属性的取值是 0 或 1，取值为 0 表示对象不是金属，取值为 1 表示对象是金属。具体操作如下。

（1）使用 Constant3Vector（常量 3 向量）将材质基础颜色（Base Color）设置为红色。

（2）这次我们使用鼠标右键添加 Constant（常量）节点。在图表视图空白处单击右键，弹出菜单，输入 Constant 进行查找，如图 4.12 所示。选择 Constant，在光标位置创建 Constant（常量）节点。

图 4.12 图表面板的右键菜单

（3）在 Constant（常量）节点的细节面板中，将值设置为 1。将 Constant（常量）节点的引脚与金属（Metallic）引脚相连，结果如图 4.13 所示。注意，如果不设置金属属性，则默认为不是金属。

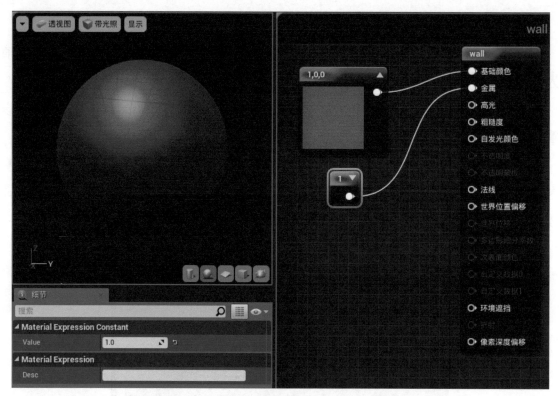

图 4.13　设置材质的金属（Metallic）**属性**

4.2.4　设置高光和粗糙度属性

　　接着，我们设置高光（Specular）和粗糙度（Roughness）的值。与金属属性不同，高光和粗糙度的输入可以是任意数字以及贴图。将高光值设置为 0.5，粗糙度值设置为 0，表示非常光滑，其实就是镜子，效果如图 4.14 所示。粗糙度值越大表示越粗糙，例如制作岩石的材质时，就要将粗糙度值设得高。

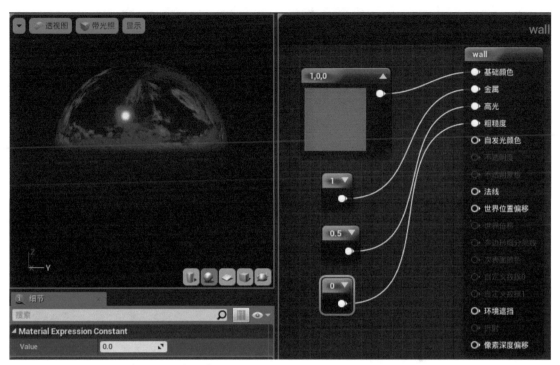

图 4.14　粗糙度（Roughness）值为 0 的镜子效果

4.2.5　设置自发光颜色

自发光颜色（Emissive Color）的输入可以是任意数字以及贴图。这里简单设置为一个数字，值为 0 表示不发光，值越大表示发光程度越大。做灯泡的材质时，可以将该值设置为 1 或以上，即自身就是一个发光体。这里设置为 100，结果如图 4.15 所示。

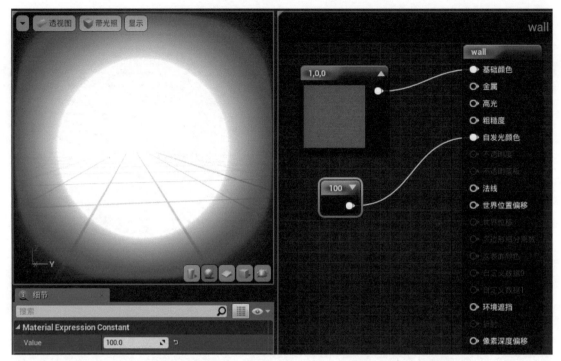

图 4.15　自发光颜色（Emissive Color）值为 100 的效果图

4.2.6　设置法线贴图

法线贴图（Normal mapping）在三维计算机图形学中，是凸凹贴图（Bump mapping）技术的一种应用，法线贴图有时也称为"Dot3 凸凹纹理贴图"。最终渲染效果中需要呈现凹凸质感的，一般需要法线贴图，它可以呈现非常丰富的细节，在虚幻引擎中被广泛使用。UE4 中法线贴图的操作自由度很大，这里先介绍一种简单方法，让大家对法线贴图有一个初步的认识。

使用 Constant3Vector（常量 3 向量）将材质基础颜色（Base Color）设置为灰色。在内容浏览器中找到一张法线贴图，这里使用 normal_mapping_example. png 拖入到材质编辑器中。创建 Texture Sample（纹理取样）节点，将其连接到基础材质节点的法线（Normal）引脚。结果如图 4.16 所示，呈现为砖质感的材质。

我们发现图 4.16 中的材质凹凸感过于强烈，有很多种方法可以优化材质贴图，这里先介绍一种简单的方法。在 Texture Sample（纹理取样）节点和法线（Normal）引脚之间插入 FlattenNormal（展平法线）节点，操作是鼠标左键单击选中法线（Normal）引脚，按住左键并拖动鼠标，松开左键后弹出节点列表菜单，在菜单中输入 FlattenNormal，如图 4.17 所示。

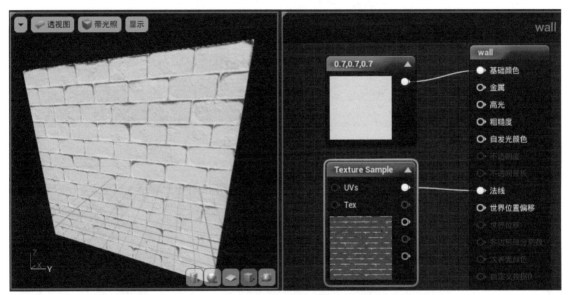

图 4.16　法线贴图（Normal mapping）实现砖质感的材质

选择 FlattenNormal，在光标位置创建节点。接着，添加 Constant（常量）节点，将其与 FlattenNormal（展平法线）节点的 Flatness 引脚相连，将 Constant（常量）节点的值设为 0.5，结果如图 4.18 所示。

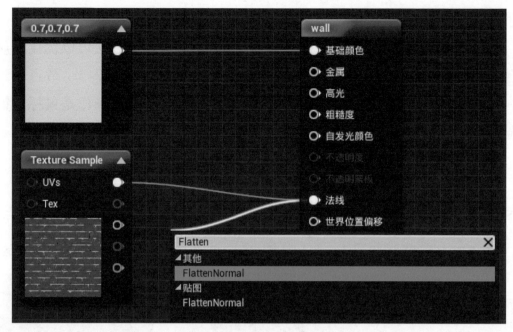

图 4.17 添加 FlattenNormal（展平法线）节点

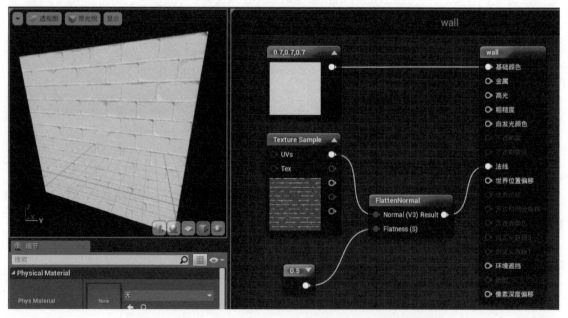

图 4.18 添加 FlattenNormal（展平法线）节点的效果图

Flatness 的值为 0 时，表示 FlattenNormal（展平法线）节点不起作用。
Flatness 的值越大表示表面越光滑，当 Flatness 值为 1 时，结果如图 4.19 所示，
此时已经看不到法线贴图的效果了。

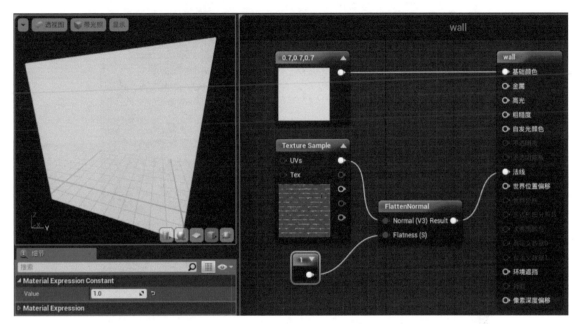

图 4.19　FlattenNormal（展平法线）节点的 Flatness 值为 1 时的效果图

这里介绍一个法线贴图制作工具 CrazyBump，它是法线凹凸等纹理贴图生
成软件，其主要功能是将一张普通的图片变换为可用于置换、法线、OCC、高
光等的纹理贴图，可以作为虚幻引擎的输入。

4.2.7　基础材质节点的细节面板

鼠标左键单击选中基础材质节点，细节（Details）面板中显示可以调节与
材质使用方式相关的属性，如图 4.20 所示。

图 4.20　基础材质节点的细节（Details）面板

表 4.1 是对基础材质节点的细节（Details）面板中每个部分的简要介绍。

表 4.1　基础材质节点的细节（Details）面板属性简介

属　　性	介　　绍
物理材质（Physical Material）	指定材质所使用的物理材质类型，提供物理属性的定义，例如碰撞时保留的能量（弹性）以及其他基于物理的方面。物理材质不影响材质的视觉效果
材质（Material）	最常用的属性。指定材质的使用方式，可以更改材质域（Material Domain）、混合模式（Blend Mode）、阴影模型（Shading Model）等选项
半透明（Translucency）	调节材质的半透明度。仅当材质混合模式设置为"半透明"（Translucent）时才可编辑

属　　性	介　　绍
半透明自身阴影（Translucency Self Shadowing）	调节半透明自身阴影的外观和行为。仅当材质混合模式设置为"半透明"（Translucent）时才可编辑
用法（Usage）	设置材质将要运用于哪些类型的对象。通常由编辑器自动设置。如果知道材质应该用于特定对象类型，务必在此处将其启用，以避免将来发生错误
移动设备（Mobile）	设置材质在智能手机等移动设备上的工作方式
铺嵌（Tessellation）	启用材质以使用硬件铺嵌功能
材质后期处理（Post Process Material）	定义材质如何进行后期处理（Post Process）和色调映射（Tone Mapping）。仅当材质域（Material Domain）设置为"后期处理"（Post Process）时才可编辑
光照系统（Lightmass）	调节材质与光照系统互动的方式
材质界面（Material Interface）	定义预览材质所使用的静态网格
缩略图（Thumbnail）	控制内容浏览器中缩略图的显示方式

最常用的属性是第二项材质（Material），鼠标左键单击▷展开材质属性，包含很多细节设置。这里介绍几个常用的属性，其他保持默认即可。

（1）材质域（**Material Domain**）

材质域（Material Domain）是指定材质的使用方式。默认取值是表面（Surface），表示材质将用于对象表面，例如金属、塑料、皮肤或任何物理表面。大部分情况下使用此默认取值。某些特殊功能时使用其他取值，如建立贴花材质时，设置为"延迟贴花（Deferred Decal）"；创建要与光函数配合使用的材质时，设置为"光函数（Light Function）"；材质用于后处理时，设置为"后处理（Post Process）"。

（2）混合模式（**Blend Mode**）

混合模式（Blend Mode）说明当前材质的输出如何与背景中已绘制的内容进行混合。也就是说，允许用户控制引擎在渲染时将此材质（来源颜色）与帧缓冲区中已有的内容（目标颜色）混合。可用的混合模式如表 4.2 所示。

表 4.2　混合模式（Blend Mode）的取值和说明

模　式	说　明
Opaque	最终颜色=来源颜色。表示材质将绘制在背景前面。这种混合模式与照明兼容
Masked	如果"不透明蒙版（OpacityMask）"＞"不透明蒙版剪辑值（OpacityMask-ClipValue）"，最终颜色为来源颜色，否则废弃像素。这种混合模式与照明兼容
Translucent	最终颜色=来源颜色×不透明度+目标颜色×（1-不透明度）。这种混合模式与动态照明不兼容
Additive	最终颜色=来源颜色+目标颜色。这种混合模式与动态照明不兼容
Modulate	最终颜色=来源颜色×目标颜色。除非是贴花材质，否则这种混合模式与动态照明或雾不兼容

（3）明暗处理模型（Shading Model）

明暗处理模型确定材质输入（例如自发光、漫射、镜面反射和法线）如何进行组合以确定最终颜色，包括的选项如表 4.3 所示。

表 4.3　明暗处理模型（Shading Model）的取值和说明

取　值	说　明
不照亮（Unlit）	材质仅由"自发光"（Emissive）和"不透明"（Opacity）输入定义，不会对光线做出反应
默认照亮（Default Lit）	默认明暗处理模型，适用于大部分实心对象
次表面（Subsurface）	用于次表面散射材质，例如蜡和冰。激活"次表面颜色"（Subsurface Color）输入
预整合皮肤（Preintegrated Skin）	用于类似人体皮肤的材质。激活"次表面颜色"（Subsurface Color）输入
透明涂层（Clear Coat）	用于表面具有半透明涂层的材质，例如透明涂层汽车喷漆或清漆。激活"透明涂层"（Clear Coat）和"透明涂层粗糙度"（Clear Coat Roughness）输入
次表面轮廓（Subsurface Profile）	用于类似人体皮肤的材质。要求使用"次表面轮廓"才能正确工作

（4）双面（Two Sided）

法线将在背面翻转，意味着同时针对正面和反面来计算光线。这通常用于植物叶子，以避免加倍使用多边形。"双面（Two Sided）"无法正确地与静态光线配合使用，因为网格仍然仅将单个 UV 集合用于光线贴图。因此，使用静态光线的双面材质的两面将以相同方式处理明暗。

其他材质属性通常不需要设置，保持默认即可。

4.2.8 材质编辑器的工具栏

工具栏（图 4.21）中的应用（**Apply**）是最常用的按钮之一，它的功能是将当前材质编辑器中的材质对原始材质进行变更，以及实现该材质在世界场景中的使用。**Save** 按钮是保存当前资源。在内容浏览器中查找（**Find in CB**）是在内容浏览器中查找并选中当前资源。**Search** 是找到当前材质中的表现和注解。**Clear Up** 是删除未与材质连接的材质节点。**Connectors** 是显示或隐藏未连接的材质节点，默认是选中状态，即显示未连接的材质节点。**Live Preview** 为是否实时更新材质预览，默认为选中状态，即为实时更新。**Live Nodes** 启用后将实时更新每个材质节点中的材质，禁用此项后材质编辑器性能更佳。**Live Update** 启用后，在节点被添加、删除、连接、断开连接或属性值发生改变时对所有子表现的着色器进行编译，禁用此项后材质编辑器性能更佳。**Stats** 是隐藏或显示 Graph 面板中的材质统计。**Mobile Stats** 是切换移动平台材质状态和汇编错误。

图 4.21 材质编辑器的工具栏

4.3 创建漆面材质

这一节，我们将创建一个简单的黑色漆面材质，可用于卧室的床头柜。

在内容浏览器（Content Browser）的 Materials 文件夹下新建材质，命名为 paint。双击打开 paint 的材质编辑器。因为材质颜色是黑色，所以用 **Constant**

（常量）节点即可，取值为 0。再添加两个 Constant（常量）节点，一个与高光（Specular）引脚相连，取值为 0.6，表示有一些高光效果；另一个节点与粗糙度（Roughness）引脚相连，取值为 0.2，表示很光滑，但又不像镜子那样。这样，一个简单的材质就创建完成了，材质代码和效果图如图 4.22 所示。

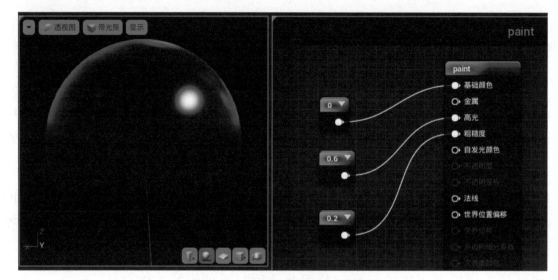

图 4.22　漆面材质代码和效果图

下面将该材质赋值给床头柜模型，具体操作如下。

（1）创建完材质后，单击菜单栏中的文件（File）→保存（Save），或者工具栏中的保存（Save）按钮，或者按 Ctrl+S 组合键，保存材质。

（2）关闭材质编辑器，回到关卡编辑器界面，鼠标左键单击选中床头柜模型，在该模型的细节（Details）面板中找到 Materials（材质）子面板。

（3）在内容浏览器（Content Browser）的 Materials 文件夹下找到 paint 材质，鼠标左键单击选中，在模型细节（Details）面板的 Materials（材质）子面板中单击◀使用内容浏览器中的资源（Use Selected Asset from Content Browser）按钮，如图 4.23（a）所示，将 paint 材质赋给该床头柜模型。还有一种方式是按住鼠标左键将 paint 材质从内容浏览器中拖入，此时 Materials（材质）子面板变成如图 4.23（b）所示，松开鼠标左键即可。

（a）单击使用内容浏览器中的资源（Use Selected Asset from Content Browser）按钮

（b）将 paint 材质从内容浏览器中拖入

图 4.23　为模型设置材质

设置材质后的床头柜效果如图 4.24 所示。

图 4.24　床头柜漆面材质效果图

4.4　创建玻璃材质

　　这一节，我们创建一个稍微复杂的材质——透明的玻璃，可用于玻璃杯、玻璃灯罩等玻璃制品。首先介绍一种最简单的玻璃材质设置，代码如图 4.25 所示。

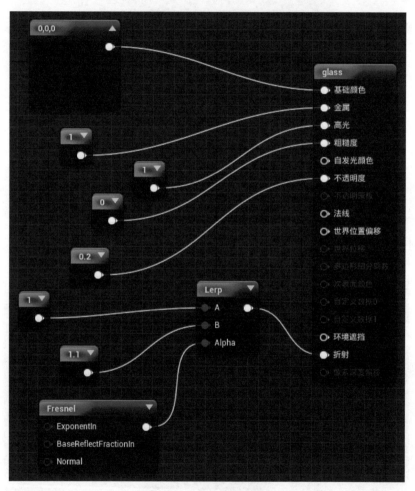

图 4.25　玻璃材质代码

　　在内容浏览器的 Materials 文件夹下新建材质，命名为 glass。双击打开 glass 的材质编辑器，操作步骤如下。

　　（1）设置玻璃的颜色。新建 Constant3Vector（常量 3 向量）节点，设置为黑色。

（2）设置金属（Metallic）属性。需要说明的是，并不是只有金属材质才设置金属属性，而是指是否具有反射属性。玻璃具有金属的反射性，因此将金属属性设置为1。

（3）设置高光（Specular）属性，默认取值是0.5，这里设置为1，根据周围的环境也可以取更大的值。

（4）设置粗糙度（Roughness）为0，表示表面非常光滑。

（5）鼠标左键单击选择glass基础材质节点，在细节（Details）面板中找到混合模式（Blend Mode），下拉选项中选择Translucent。在Translucency子面板中找到Lighting Mode，下拉选项中选择Surface Translucency Volume，如图4.26所示。此时，基础材质节点的不透明度（Opacity）属性和折射（Refraction）属性变为可编辑状态，默认灰色是不可编辑。

图4.26　基础材质节点细节（Details）面板中的设置

（6）设置不透明度（Opacity）为 0.2。

（7）这里介绍一个常用的 **Lerp**（线性插值）节点，基本上复杂的材质都会用到这个节点。Lerp（线性插值）节点是在两者之间进行线性插值，通过 alpha 将 A 和 B 融合，可以是两个材质之间、两个向量之间、两个浮点数之间、两个颜色之间等。

举一个极端的例子来说明，通过一幅黑白图将红色和绿色融合，将这幅图黑色的部分替换为红色，白色的部分替换为绿色，效果如图 4.27 所示。具体操作如下。

① 按住键盘的 L 键，同时鼠标左键单击，可以添加 **Lerp** 节点，另外还可以在控制板或者鼠标右键菜单中输入"LinearInterpolate"，选择该节点。

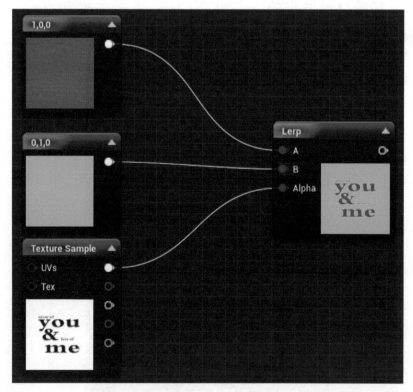

图 4.27　Lerp 节点示例

② 添加两个 **Constant3Vector**（常量 3 向量）节点，一个设置为红色，与

Lerp 节点的 A 引脚相连；另一个设置为绿色，连接到 Lerp 节点的 B 引脚。

③ 在内容浏览器（Content Browser）的 Content → Assets → Textures 文件夹下找到 photo2，将其拖入到材质编辑器中，创建 Texture Sample(纹理取样)，将其与 Lerp 节点的 Alpha 引脚相连。

（8）下面介绍 Fresnel 节点，用来产生菲涅耳效果。菲涅耳效果用来描述所看到的光线如何根据查看角度以不同强度反射。例如，如果站在一个池子旁边直视池底，那么将看不到水中的大量反光。当转动头，使得池水水面与视平线越来越平行时，会发现水中的反光越来越多。在 UE4 中，菲涅耳效果（Fresnel）材质节点根据表面法线与摄像机方向的点乘积来计算衰减。当表面法线正对摄像机时，输出值为 0，表示不产生菲涅耳效果；当表面法线与摄像机垂直时，输出值为 1，表示产生完全的菲涅耳效果。在控制板或者鼠标右键菜单中输入"Fresnel"，添加该节点。

（9）设置折射（Refraction）属性。添加一个 Lerp 节点、一个 Fresnel 节点、两个 Constant（常量）节点。一个 Constant 节点取值为 1，连接到 Lerp 节点的 A 引脚；另一个 Constant 节点取值为 1.1，连接到 Lerp 节点的 B 引脚，该节点设置的是折射率，官方推荐的值为 1.1，钻石可以设置为 1.3 或 1.4。Fresnel 节点与 Lerp 节点的 Alpha 引脚相连。

这样，一个简单的玻璃材质就创建完成了。可以将该材质赋值给卧室床头两边的灯罩、烛台等。由于玻璃具有反射性，最好添加一个球体反射捕获（Sphere Reflection Capture）对象，简称反射球。在模式（Modes）的视觉效果（Visual Effects）子面板中选择球体反射捕获（Sphere Reflection Capture），如图 4.28 所示。

将其拖曳到场景中，放在玻璃对象的前面，反射球的设置保持默认即可，效果如图 4.29 所示。

图 4.28　添加球体反射捕获（Sphere Reflection Capture）对象

图 4.29　玻璃材质效果图（左图为放置反射球前的效果，右图为放置反射球后的效果）

　　玻璃材质的效果可以非常复杂，最终的工程文件可以从异步社区下载。在内容浏览器（Content Browser）中 Content → Assets → Materials 文件夹下找到玻璃材质 Glass_base，代码如图 4.30 所示。由于代码很多，这里分模块展开。图 4.30（a）是 Glass_base 代码的整体框架，其中每个带有阴影的矩形框表示实现某一功能，框内只列出了与其他模块相连接的节点，图 4.30（b）至图 4.30（e）

详细展开每个功能的代码。图 4.30（b）是 Glass_base 的折射（Refraction）模块代码，图 4.30（c）和图 4.30（d）是基本颜色（Base Color）模块代码，图 4.30（e）是不透明度（Transparency）模块代码。

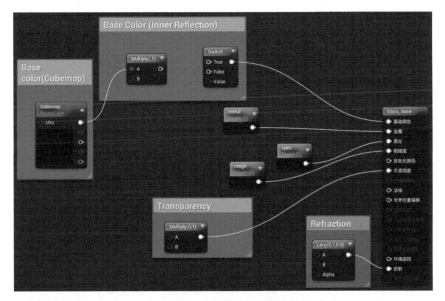

（a）Glass_base 代码框架

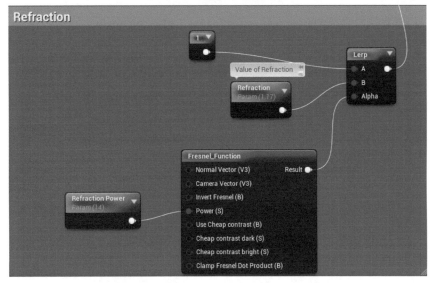

（b）Glass_base 的折射（Refraction）模块代码

图 4.30　玻璃材质 Glass_base 的代码

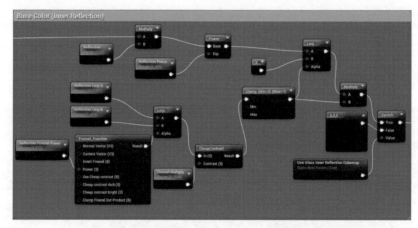

（c）Glass_base 的基本颜色（Base Color）模块代码

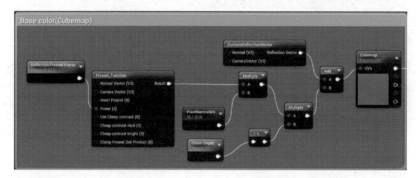

（d）Glass_base 的基本颜色（Base Color）模块中 Cubemap 部分的代码

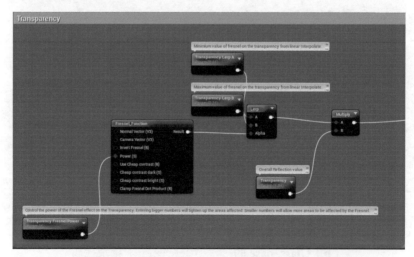

（e）Glass_base 的不透明度（Transparency）模块代码

图 4.30　玻璃材质 Glass_base 的代码（续）

看到满屏幕的节点不要害怕，这都是由最简单的代码逐渐添加节点扩展而来的。为了方便阅读，通常将实现某一功能的代码用矩形框标识出来，并添加一些注释。具体操作是，按住鼠标左键框选节点，然后单击键盘上的 C 键（Comment 注释的缩写）即可。

4.5 创建金属材质

在内容浏览器的 Materials 文件夹下新建材质，命名为 metal。双击打开 metal 的材质编辑器，操作步骤如下。

（1）添加 **Constant3Vector**（常量 3 向量）节点，与基础颜色（Base Color）引脚相连，RGB 每个通道都取值为 0.28，表示颜色为灰色。

（2）添加 **Constant**（常量）节点与金属（Metallic）引脚相连，取值为 1，表示该材质是金属。

（3）添加 **Constant**(常量)节点与粗糙度（Roughness）引脚相连，取值为 0，表示非常光滑。

（4）在内容浏览器的 Assets → Textures 文件夹下找到名为 "ceramic_normal" 的文件，将其拖入到材质编辑器中，创建 **Texture Sample**（纹理取样）节点。

（5）添加 **FlattenNormal**（展平法线）节点，将 Texture Sample（纹理取样）的输出引脚与 FlattenNormal 节点的第一个引脚相连。

（6）添加 **Constant**（常量）与 FlattenNormal 节点的第二个引脚相连，取值为 1，将 FlattenNormal 节点的输出引脚与法线（Normal）属性相连。节点设置如图 4.31 所示。

保存该材质。建议将该材质赋值给灯罩、门把手、窗框、衣架等模型，注意此处需要添加反射球。

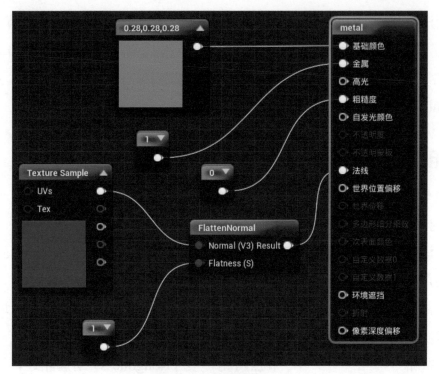

图 4.31　金属材质代码

4.6　创建材质实例

　　室内装修中有很多金属材质的物体，这些材质可能只是在上一节金属材质的基础上改变某个参数的值，例如黑色金属和灰色金属只是基础颜色不同，其他参数都一样。如果按照上述材质创建方法，我们要为每个不同的金属创建一个新材质，将第 4.5 节中的金属材质复制多次，改变某些参数的值。这样做既烦琐又耗费资源，下面我们介绍一种材质优化方法，即"材质实例化"，以大大节省资源。

　　材质实例化的核心思想是创建单个材质（称为"父材质"），然后将其作为基础来创建外观不同的各种材质。为了实现这种灵活性，材质实例化使用"继承"的概念，将父代的属性提供给子代。为了能够更改材质实例的各种参数，必须在材质图中使用另一类节点，称为参数节点。参数节点的外观和工作方式类似于普

通材质节点，但其关键区别在于，参数节点用于控制材质实例的工作方式。使用材质参数是使材质与材质实例互动的唯一方法。下面详细介绍具体操作。

首先，创建材质实例。在内容浏览器（Content browser）中单击增加新项（Add New）按钮，选择材质 & 贴图（Materials & Textures）→材质实例（Material Instance），如图 4.32 所示。

图 4.32　创建材质实例

此外，可以将已有的材质转换为材质实例，这里以上一节创建的金属材质 metal 为例。在内容浏览器中鼠标左键单击选择材质 metal，单击鼠标右键弹出材质操作（Material Instance Actions）菜单，如图 4.33 所示，选择第一项创建材质实例（Create Material Instance）。

图 4.33　材质操作（Material Instance Actions）菜单

　　这时，材质文件夹中多了一个材质实例，该材质实例的文件名是在原文件名后面加了"_Inst"，这里为"metal_Inst"，表示基于基础材质 metal 实例化的材质实例。基于基础材质 metal 实例化的第二个材质实例，系统会自动命名为"metal_Inst1"，第三个材质实例为"metal_Inst2"，以此类推。双击 metal_Inst 打开材质实例编辑器，如图 4.34 所示，与材质编辑器界面完全不同。

　　在材质实例编辑器左侧的细节面板中，Parent 属性表示该材质实例的基础材质，也称为父材质。从材质实例返回父材质，有两种方式。一种是在内容浏览器中找到父材质，双击打开；另一种是在材质实例中双击 Parent 属性中的材质。当前在图 4.34 的材质实例编辑器中找不到材质 metal 中可以编辑的节点，这是因为基础材质 metal 中的节点尚未转换为参数节点。要修改材质的属性，例如颜色、粗糙度等，需要将父材质的这些属性设置为可编辑状态，即转换为参数节点。

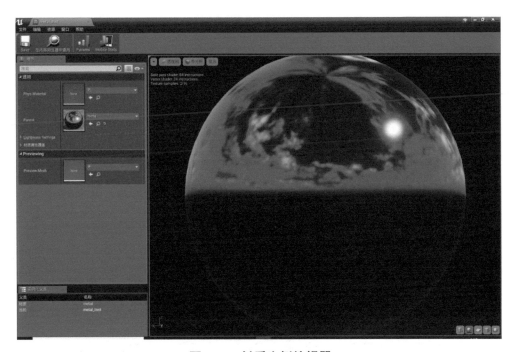

图 4.34 材质实例编辑器

下面将基础材质 metal 中的节点转换为参数节点。双击基础材质 metal，打开材质编辑器。鼠标左键单击选中与基础颜色（Base Color）相连的 Constant3Vector（常量 3 向量）节点，单击鼠标右键，弹出菜单如图 4.35 所示，选择第一项 Convert to Parameter。

此时，该节点的细节（Details）面板中多了一个通用（General）模块，如图 4.36 所示，包括参数名称（Parameter Name）、组（Group）和排序优先顺序（Sort Priority）。在参数名称（Parameter Name）部分，输入参数名，这里是"Color"。注意，命名要可读性强，因为当材质复杂时，节点很多，具有可读性便于通过名字辨识节点。组（Group）提供了一种将参数名称组织成"MaterialInstanceConstant（材质实例常量）"中的组（即类别）的方法。材质中所有具有相同"组（Group）"属性名称的参数都将在实例中该类别下列出。排序优先顺序（Sort Priority）用于控制输入引脚在函数节点上列出时采用的顺序，顺序为最低到最高。

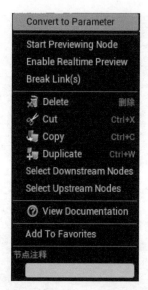

图 4.35　将基础材质中的节点转换为参数节点

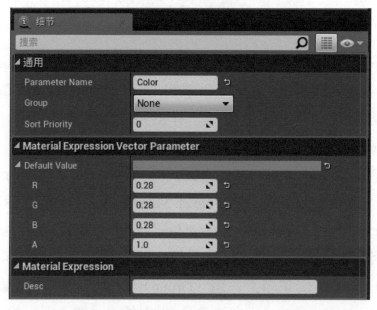

图 4.36　参数节点的细节（**Details**）**面板**

设置好之后保存，打开材质实例 metal_Inst，会发现细节面板中多了一个参数组（Parameter Groups）模块，其中有名称为"Color"的参数，如图 4.37 所示。在这里修改基础颜色的值，就可以得到与基础材质 metal 不同颜色的金属。

图 4.37　材质实例的细节（Details）面板

接着，将与粗糙度（Roughness）相连的 Constant（常量）节点转换为参数节点，命名为 Roughness；将与 FlattenNormal（展平法线）相连的 Texture Sample（纹理取样）节点转换为参数节点，命名为 1s；将与 FlattenNormal（展平法线）相连的 Constant（常量）节点转换为参数节点，命名为 normal_Val。

最后，将基础材质 metal 重命名为 M_metal_base，"M"表示该文件是材质（Material），"base"表示基础材质，这样命名便于查找。最终基础材质 M_metal_base 的代码如图 4.38 所示。

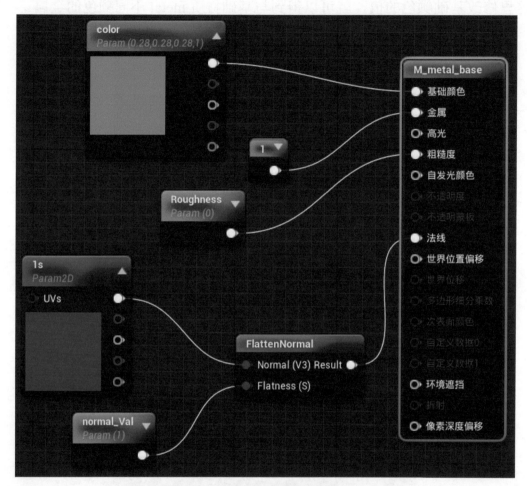

图 4.38　带有参数节点的基础材质 M_metal_base

再次打开材质实例 metal_Inst，如图 4.39 所示，上述参数节点都已显示出来。

注意，在给每个对象赋予材质时，尽量使用实例化的材质，尽可能少使用基础材质，这样能最大限度地节省资源。

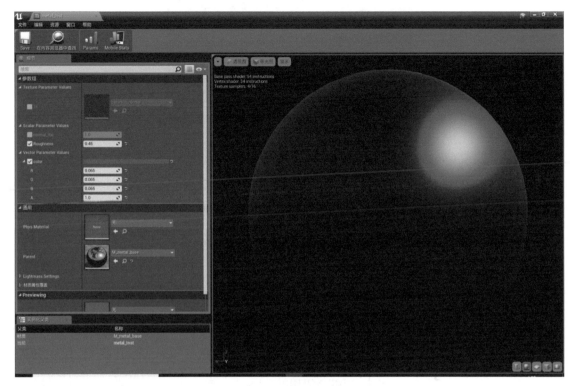

图 4.39　材质实例 metal_Inst

4.7　创建墙面材质

室内装修中最常见的是白墙和壁纸，墙上再挂上一些壁画和照片。本节首先介绍白墙材质，然后讲解壁画、照片的材质设置。

在内容浏览器（**Content Browser**）的 Materials 文件夹下新建材质，将其命名为 Wall。双击打开 Wall 的材质编辑器，操作步骤如下。

（1）添加 **Texture Sample**（纹理取样）节点，贴图选择 Assets → Textures 文件夹下的 Plaster_Diffuse 文件。

（2）添加 **Multiply**（乘法）节点，将 Texture Sample（纹理取样）节点与 Multiply（乘法）节点的 A 输入相连，在细节面板中将 B 输入设置为常量 1.25，如图 4.40 所示。输出与基础颜色（Base Color）引脚相连。

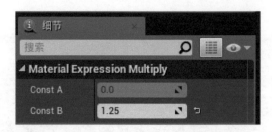

图 4.40　Multiply（乘法）节点的细节面板设置

（3）添加 Constant（常量）节点与高光（Specular）引脚相连，取值为 0.4。

（4）添加 Constant（常量）节点与粗糙度（Roughness）引脚相连，取值为 0.68。单击鼠标左键选中该节点，单击鼠标右键弹出菜单，选择第一项 Convert to Parameter，将其转换为参数节点，命名为 Roughness。

（5）添加 Texture Sample（纹理取样）节点，贴图选择 Assets → Textures 文件夹下的 Plaster_Normal 文件。

（6）添加 FlattenNormal（展平法线）节点，将步骤（5）的 Texture Sample（纹理取样）的输出引脚与"FlattenNormal"节点的第一个引脚相连；添加 Constant（常量）节点，与 FlattenNormal 节点的第二个引脚相连，取值为 0.5；最后将 FlattenNormal 节点的输出引脚与法线（Normal）属性相连。

（7）添加 TextureCoordinate（纹理坐标）节点，该节点以双通道矢量值形式输出 UV 纹理坐标，参数坐标索引（Coordinate Index）指定要使用的 UV 通道；U 平铺（UTiling）指定 U 方向上的平铺量；V 平铺（VTiling）指定 V 方向上的平铺量。

（8）添加 Constant（常量）节点，取值为 1，转换为参数节点，命名为 Tiling，用于在材质实例中动态设置平铺量。

（9）添加 Multiply（乘法）节点，分别输入 TextureCoordinate（纹理坐标）节点和名为 Tiling 的 Constant（常量）节点，输出连接到两个 Texture Sample（纹理取样）节点的 UVs 输入。

基础材质 Wall 的代码如图 4.41 所示。

将 Wall 材质实例化，命名为 Wall_Inst，设置如图 4.42 所示。

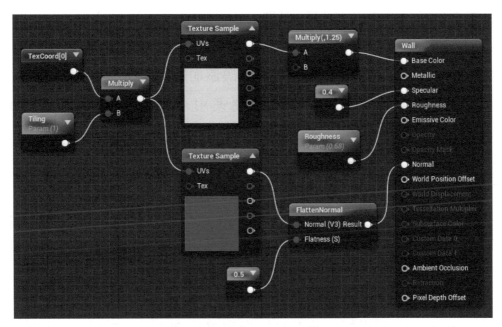

图 4.41 墙面基础材质 Wall 的代码

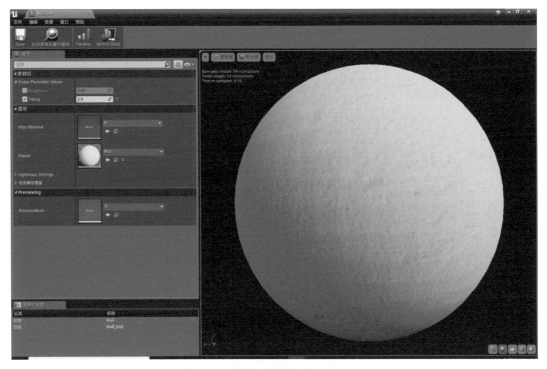

图 4.42 墙面材质实例 Wall_Inst

下面介绍壁画、照片的材质设置。在内容浏览器（Content Browser）的 Materials 文件夹下新建基础材质，命名为 Paint_Base。基础材质 Paint_Base 的代码如图 4.43 所示，这里不再赘述材质代码添加过程，仅说明以下几点。

（1）因为本项目中所有的壁画都要使用基础材质 Paint_Base，所以将 Texture Sample（纹理取样）节点设置为参数节点，命名为 Texture，用于材质实例时选择不同的壁画贴图。初始贴图选择 Assets → Textures 文件夹下的 Painting_9 文件。

（2）与金属（Metallic）、高光（Specular）和粗糙度（Roughness）引脚连接的 Constant（常量）节点都设置为参数节点，用于材质实例时设置不同的壁画效果。

（3）Append 节点是相加的意思，用两个 Constant（常量）节点来设置 TextureCoordinate（纹理坐标）节点 U 方向和 V 方向上的平铺量，该平铺量也设置为参数节点。

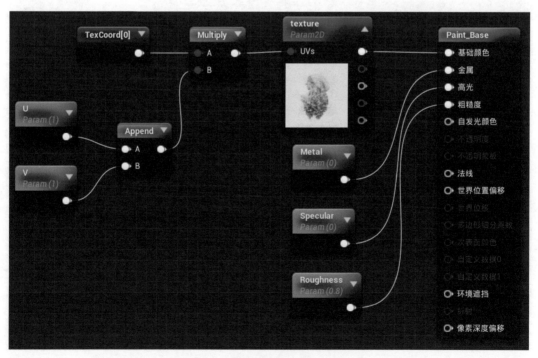

图 4.43 壁画基础材质 Paint_Base

将 Paint_Base 材质实例化,命名为 Paint_02_Inst,如图 4.44 所示。Texture 变量设置为 Assets → Textures 文件夹下的 Painting_10 文件。

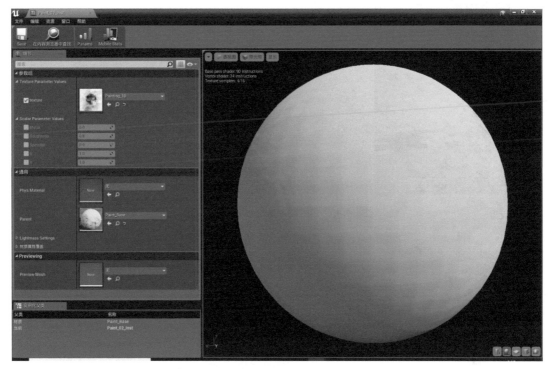

图 4.44 材质实例 Paint_02_Inst

将基础材质 Paint_Base 和材质实例 Paint_02_Inst 分别赋给卧室床头上方的两幅壁画,对应静态网格模型为 Bed_bed_14 和 Bed_bed_15,效果如图 4.45 所示。

卧室书桌上方照片墙和书桌上有几个相框,效果如图 4.46 所示,其材质都是由基础材质 Paint_Base 实例化的。具体操作是将材质 Paint_Base 实例化 4 次,分别命名为 Paint_03_Inst、Paint_04_Inst、Paint_05_Inst 和 Paint_06_Inst。这 4 个实例材质都只修改 Texture 变量,分别设置为 Assets → Textures 文件夹下的 photo2、photo3、photo4 和 ABC 文件。将这 4 个材质实例分别赋给静态网格模型 jiaju_B_work_04、jiaju_B_work_07、jiaju_B_work_25 和 jiaju_B_work_09。

图 4.45 卧室床头壁画的效果图

图 4.46 卧室书桌上方照片墙的效果图

继续将 Paint_Base 材质实例化，命名为 Paint_main_Inst，如图 4.47 所示。Texture 变量设置为 Assets → Textures 文件夹下的 AI3 文件，Roughness 变量取值为 0.2，Specular 变量取值为 0.2。

将材质实例 Paint_main_Inst 赋给客厅沙发背景墙，对应静态网格模型为

jiaju_B_sofa_05，效果如图 4.48 所示。

图 4.47　材质实例 Paint_main_Inst

图 4.48　客厅沙发背景墙的效果图

继续将 Paint_Base 材质实例化，命名为 Paint_keting_Inst，如图 4.49 所示。Texture 变量设置为 Assets → Textures 文件夹下的 photo6 文件，U 变量取值为 -1，V 变量取值为 -1，用来调整照片的显示位置，如果设置得不正确，照片可能会颠倒。尝试设置不同的值来对比效果，即可明白这些参数取值的含义。

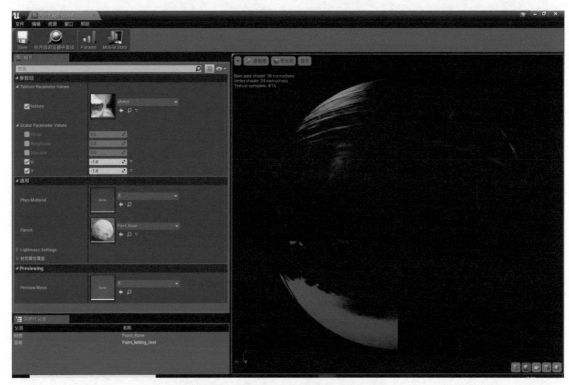

图 4.49　材质实例 Paint_keting_Inst

除了对基础材质进行实例化之外，还可以对材质实例进行实例化。这里以材质实例 Paint_keting_Inst 为例，鼠标左键单击选择材质实例 Paint_keting_Inst，单击鼠标右键弹出材质操作（Material Instance Actions）菜单，选择第一项创建材质实例（Create Material Instance），命名为 Paint_keting02_Inst，如图 4.50 所示。Texture 变量设置为 Assets → Textures 文件夹下的 photo8 文件，U 变量取值为 1，V 变量取值为 1。

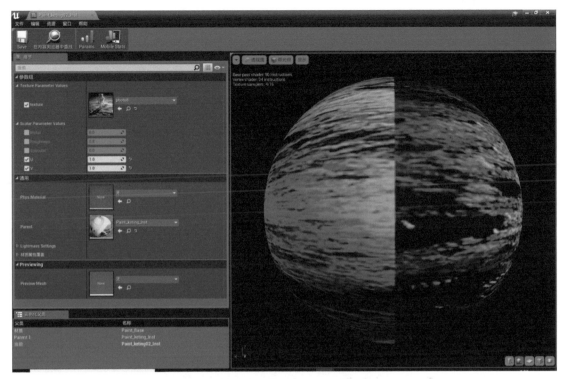

图 4.50 材质实例 Paint_keting02_Inst

当然，材质实例 Paint_keting02_Inst 也可以直接使用基础材质 Paint_Base 为父材质进行设置，并达到同样效果。由于该材质比较简单，显示不出基于材质实例进行实例化的优势。当参数节点比较多时，如果两个材质实例的大部分参数设置一样，但是与基础材质的设置相差较大，那么就可以将其中一个材质实例（A）设置好后，另一个材质实例（B）基于材质实例 A 实例化，这样只需要修改材质实例 B 不同于 A 的少量参数即可。

基于材质实例 Paint_keting_Inst 及其实例化材质给客厅书架上的照片摆件赋予材质，效果如图 4.51 所示。具体设置不再赘述，可以从异步社区下载最终工程文件详细查看，关卡选择 Maps 文件夹下的 house_Final_render。

要查看某个实例材质被哪些静态网格模型使用，可使用如下操作：鼠标左键单击选中某材质实例，单击鼠标右键弹出材质实例操作（Material Instance

Actions）菜单，如图 4.52 所示，选择资源操作（Asset Actions）→选择使用此资源的 Actor（Select Actors Using This Asset）。

图 4.51　客厅书架上照片摆件的效果图

图 4.52　材质实例操作（Material Instance Actions）菜单

查找结果在世界大纲视图（World Outliner）面板中被选中显示，如果有多个网格模型使用同一个材质实例，则多个模型都处于被选中状态。

4.8　创建木质材质

下面介绍木质材质的创建，用于地板、桌子、床架、电视柜等。首先创建基础材质，在内容浏览器（Content Browser）的 Materials 文件夹下新建材质，命名为 Wall_base。基础材质 Wall_base 的代码如图 4.53 所示，有以下几点说明。

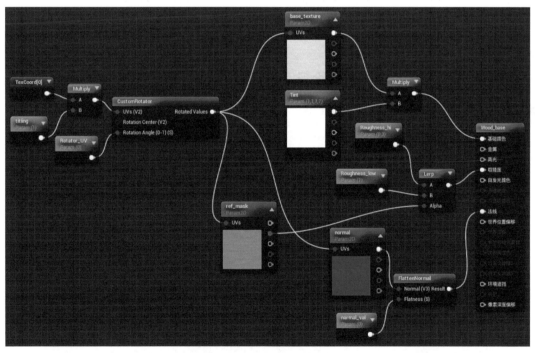

图 4.53　基础材质 Wood_base

（1）使用 CustomRotator（自定义旋转贴图）节点来设置 Texture Sample（纹理取样）节点的 UVs，名为 Rotator_UV 的 Constant（常量）节点控制 CustomRotator（自定义旋转贴图）节点的旋转角度。

（2）不同木质家具的木头颜色和纹理都不同，这里使用两个参数节点分别控制木头的颜色和纹理，以便后续材质实例修改。名为 base_texture 的

Texture Sample（纹理取样）节点用于设置木头的基本纹理，初始贴图选择 Assets → Textures 文件夹下的 Wooden_floor_white_color 文件。Constant3Vector（常量 3 向量）节点 Tint 用于设置木头的颜色。使用 Multiply（乘法）节点将两者结合起来。

（3）用于法线（Normal）设置的 Texture Sample（纹理取样）节点 normal 的贴图选择 Assets → Textures 文件夹下的 wooden_norm2 文件。

（4）使用 Lerp（线性插值）节点设置粗糙度（Roughness），两个 Constant（常量）节点 Roughness_hi 和 Roughness_low 控制插值的范围，Texture Sample（纹理取样）节点 ref_mask 的贴图选择 Assets → Textures 文件夹下的 Wooden_floor_white_color_roughness 文件。

将基础材质 Wood_base 赋给卧室的地板，对应的静态网格模型是 Wall_bedroom_floor，效果如图 4.54 所示。

图 4.54　地板的效果图

将 Wood_base 材质实例化，命名为 Wood_desk01_Inst，设置如图 4.55 所示，改变木头纹理和粗糙度纹理。

将材质实例 Wood_desk01_Inst 赋给卧室的书桌，对应的静态网格模型为 jiaju_B_work_22，效果如图 4.56 所示。

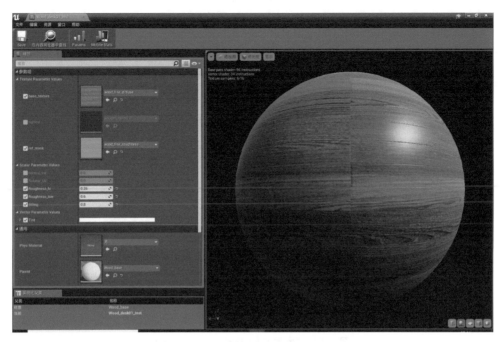

图 4.55 材质实例 Wood_desk01_Inst

图 4.56 卧室书桌的效果图

将 Wood_desk01_Inst 材质实例化，命名为 Wood_wall_Inst，设置如图 4.57 所示。

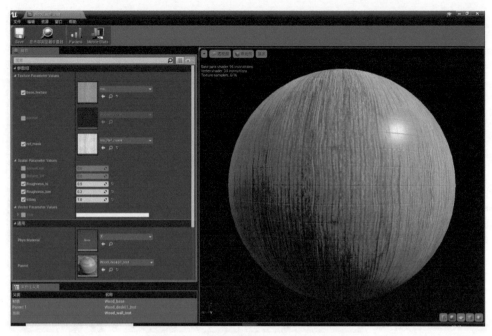

图 4.57 材质实例 Wood_wall_Inst

　　将材质实例 Wood_wall_Inst 赋给卧室与客厅之间的屏风，对应的静态网格模型为 Door_A_door_00，效果如图 4.58 所示。

图 4.58 屏风的效果图

将材质实例 Wood_wall_Inst 赋给橱柜，效果如图 4.59 所示。

图 4.59　橱柜的效果图

将材质实例 Wood_wall_Inst 实例化，命名为 Wood_wall02_Inst，设置如图 4.60 所示，在材质 Wood_wall_Inst 的基础上，只修改参数 titling，木纹变得细腻了。这里可以看出基于材质实例进行实例化的便利。

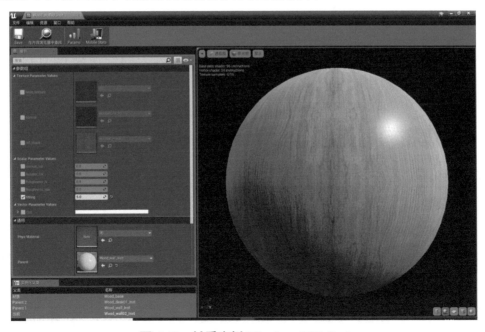

图 4.60　材质实例 Wood_wall02_Inst

将材质实例 Wood_wall02_Inst 赋给卧室的电视墙，对应的静态网格模型为 jiaju_A_tv_04，效果如图 4.61 所示。

图 4.61 电视墙的效果

家具中还有很多木制品，例如灯架、椅子腿等，可以使用上述的材质实例，也可以在上述材质基础上创建不同参数设置的材质实例，留给读者自由发挥。通过尝试不同的参数来查看效果，是加深对节点含义理解的好方法。

4.9 创建布料材质

本节介绍家居中另外一种常用的材质——布料材质，用于沙发、被褥、枕头等。在内容浏览器（**Content Browser**）的 Materials 文件夹下新建基础材质，命名为 top，代码如图 4.62 所示。这里所用到的节点在前面都介绍过，不再赘述。设置基础颜色的 Texture Sample（纹理取样）节点的贴图选择 Assets → Textures 文件夹下的 duvet_top 文件，设置法线的 Texture Sample（纹理取样）节点的贴图选择 Assets → Textures 文件夹下的 duvet_top_norm 文件。

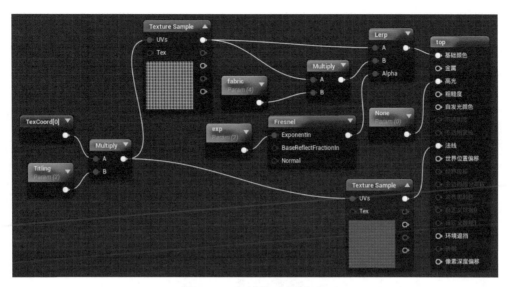

图 4.62　布料基础材质 top

将 top 材质实例化，命名为 M_Cloth_Inst，设置如图 4.63 所示。将 Titling 设置为 0.5，即改变纹理的重复度，变为原来的一半。

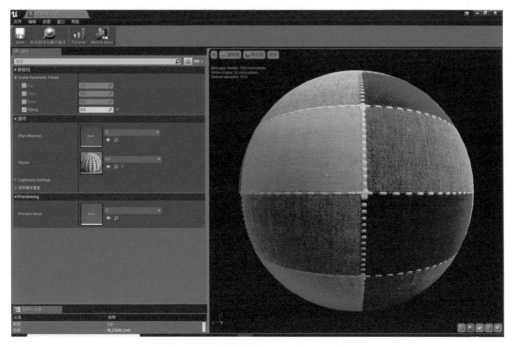

图 4.63　材质实例 M_Cloth_Inst

继续将 top 材质实例化，命名为 M_BedCloth_Inst，设置如图 4.64 所示。将 Titling 设置为 5，纹理重复度变为基础材质的 5 倍。与材质实例 M_Cloth_Inst 对比观察效果。

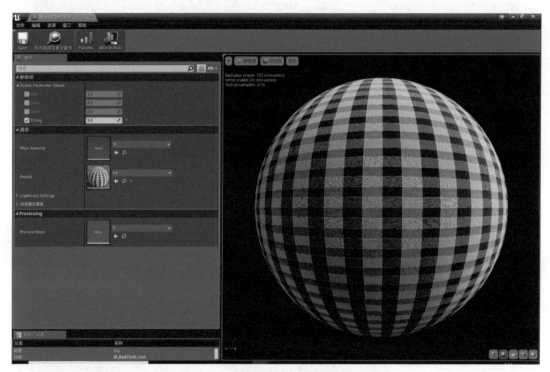

图 4.64　材质实例 M_BedCloth_Inst

下面再介绍一种复杂的布料材质。在内容浏览器（Content Browser）的 Materials 文件夹下新建基础材质，命名为 Cloth_Base，代码如图 4.65 所示。

有以下几点说明。

（1）使用 **Lerp**（线性插值）节点进行纹理插值，**Texture Sample**（纹理取样）节点 Base_texture 的贴图选择 Assets → Textures 文件夹下的 duvet_back-pillow 文件。两个 **Constant3Vector**（常量 3 向量）节点 dark_tint 和 bright_tint 控制纹理颜色范围。

（2）添加 **StaticSwitchParameter**（静态开关参数）节点，命名为 texture/color。该节点是一个判断函数，可以选取两个输入，用来选择是使用纹理还是颜色，在第一个参数值为真（True）时输出第一个参数，否则输出第二个参数。这里颜色使用 Constant3Vector（常量 3 向量）节点 color 来控制。StaticSwitchParameter（静态开关参数）节点的默认取值是假（False），在细节（Details）面板中勾选 Default Value（默认值），如图 4.66 所示，让其取值为真（True）。

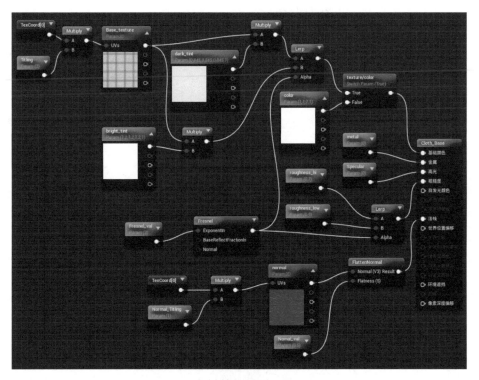

图 4.65　布料基础材质 Cloth_Base

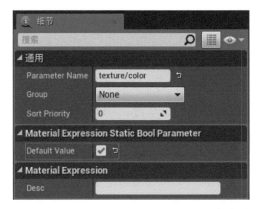

图 4.66　StaticSwitchParameter（静态开关参数）节点的细节面板设置

（3）设置法线（Normal）的 **Texture Sample**（纹理取样）节点 normal 的贴图选择 Assets → Textures 文件夹下的 WRINKLES_NRM 文件。

将 Cloth_Base 材质实例化，命名为 Cloth_bed_Inst，设置如图 4.67 所示。StaticSwitchParameter（静态开关参数）节点 texture/color 取值为假（False），选择输出颜色，同时将 color 设置为白色。

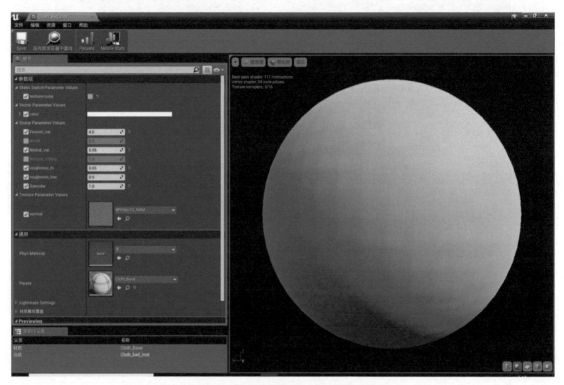

图 4.67　材质实例 Cloth_bed_Inst

将上述材质分别赋给枕头、被子、毯子等，效果如图 4.68 所示。

更多的布料材质设置，留给读者自由发挥。

本章介绍了材质的基本概念和设置，其实材质的内容非常丰富，本章讲述的只是冰山一角。可查看异步社区提供的工程文件阅读更多的材质源代码，相信通过本章的介绍，读懂这些材质代码没有问题。

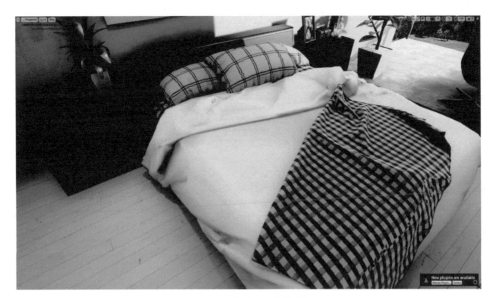

图 4.68 床上用品的效果

4.10 小结

本章基于样板间中家具和装饰所用到的材料讲解如何创建不同类型的材质。首先介绍了用于材质操作的材质编辑器，包括编辑器界面和材质颜色、纹理贴图、金属、高光、粗糙度属性等基本操作；然后通过创建最简单的漆面材质，熟悉如何创建材质和给模型赋予材质；并通过介绍稍微复杂的玻璃材质，教会大家阅读复杂的材质；同时讲解了如何使用材质实例进行资源优化；最后基于材质实例来创建墙面、木质和布料材质。

第5章
光照设置

UE4 中的灯光包括定向光源（Directional Light）、点光源（Point Light）、聚光源（Spot Light）和天空光照（Sky Light）4 种。在模式（Modes）面板中选择光照（Lights）模块，如图 5.1 所示，选择其中一种光照，按住鼠标左键将其拖曳到场景中即可。

也可以在视口中单击鼠标右键，弹出资源（Asset）菜单，如图 5.2 所示，选择放置 Actor（Place Actor），在弹出菜单中选择一个光源。

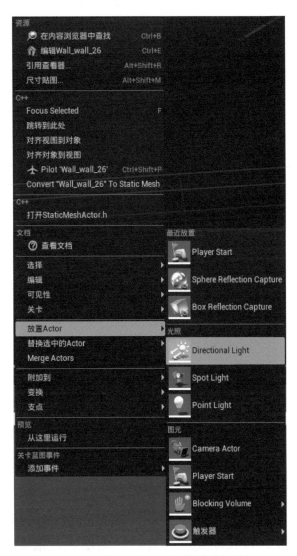

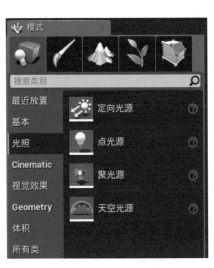

图 5.1　模式（Modes）面板中的光照（Lights）模块　　图 5.2　使用资源（Asset）菜单选择光源

　　与其他对象一样，可以使用位置和旋转控件来调整光源的位置和旋转度。在具体介绍每一种光源之前，先介绍一个重要的、共同的属性——移动性（Mobility）。

　　在每个光源的细节（Details）面板中的变换（Transform）区域中，可以看到移动性（Mobility）属性，如图 5.3 所示。有静态（Static）、固定（Stationary）

和可移动（Mobile）共 3 个选项，不同的设置在光照效果上有着显著的区别，性能上也各有差异。

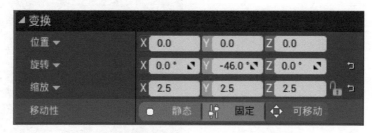

图 5.3　光源的移动性（Mobility）属性

➤ 静态（Static）——在运行时不能以任何方式改变或移动的光源。这是渲染效率最快的一种形式，在游戏运行过程中几乎没有任何性能消耗。它们仅在光照贴图中进行计算，一旦处理完成，便不会再有进一步的性能影响。

➤ 固定（Stationary）——在运行时可以改变颜色和亮度，但是不能移动、旋转或修改影响范围。

➤ 可移动（Mobile）——完全动态的光源，可以改变光源位置、旋转度、颜色、亮度、衰减、半径等属性，几乎光源的任何属性都可以修改。这个渲染效率最慢，但在游戏过程中最灵活。

在 3 种不同的光源可移动性属性中，静态光源的质量中等、可变性最低、性能消耗也最少，固定光源具有最好的质量、中等的可变性以及中等的性能消耗，可移动光源具有最好的质量、最高的可变性和最高的性能消耗。

光照的移动性（Mobility）系统默认为固定（Stationary），这是一个折中的方案。当光照的移动性（Mobility）为静态（Static）和固定（Stationary）时，有的模型上面带有"Preview"字样，如图 5.4 所示。这是因为没有实时渲染，构建光照之后可消除该字样，构建光照将在第 5.5 节中介绍。将移动性（Mobility）改为可移动（Mobile）也可以消除该字样，但是耗费电脑资源，当电脑配置不高时，建议不要使用该选项。

下面分别介绍这几种光照的概念和基本属性。

图 5.4　带有"Preview"字样的模型

5.1　定向光源

定向光源（**Directional Light**）模拟从一个无限远的源头处发出的光照。也就是说，这个光源照射出阴影的效果是平行的，从而使得它成为了模拟太阳光的理想选择。

将一个定向光源拖曳到场景中，放置在卧室的阳台上方，如图 5.5 所示，模拟太阳光从阳台照射进屋里。

尝试通过位置和旋转控件调整光源的位置和旋转度，可以发现：当改变光源的位置时，室内物体的阴影没有变化；当旋转光源时，阴影有变化。这是因为定向光源是模拟太阳光，与太阳光的原理一致，只与角度有关，而与位置无关。

图 5.5　添加定向光源模拟太阳光

在细节（Details）面板设置光照属性，具体参数如图 5.6 所示。光照属性很多，下面简单介绍一些常用的属性。

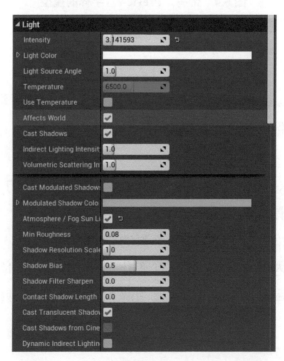

图 5.6　定向光源的细节（Details）面板

（1）光照强度（Intensity）——将光照强度设置到视觉舒适的值，这里没有具体标准，根据视觉效果凭借经验来设置。

（2）Light Color（光照颜色）——设置光源的颜色，系统默认为白色。鼠标左键单击Light Color右侧的颜色调，弹出颜色选择器（Color Picker），如图5.7所示，调节里面数值改变光照颜色与灰度。例如要营造黄昏的感觉，可以将光照颜色调整为偏黄色的暖色调。

（3）Light Source Angle（光源角度）——表示定向光源的发光表面相对于一个接收者伸展的度数，它可以影响半影大小。

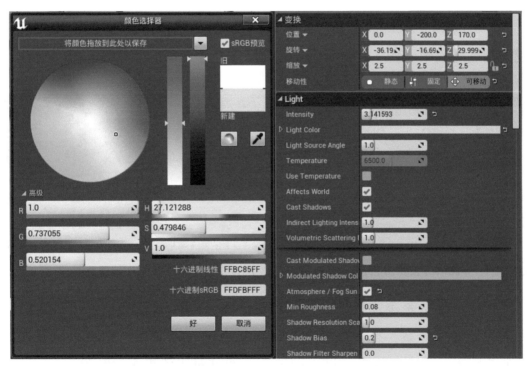

图5.7 设置 Light Color（光照颜色）属性

（4）Affects World（影响世界）——默认是勾选状态，取消勾选表示禁用光源的效果。

（5）Shadow Bias（阴影偏差）——系统默认值是0.5，值越大越不真实，越小越真实，当需要较高画质时候可以调节到0.2，值越小越耗费资源。图5.8展示了取值分别为 1 和 0.2 时的效果。

图 5.8　属性 Shadow Bias（阴影偏差）不同取值的效果（左图取值为 1，右图取值为 0.2）

（6）Shadow Filter Sharpen（阴影滤镜锐化）——表示阴影的锐化程度，取值越大边缘越清晰。图 5.9 展示了取值分别为 0 和 1 时的效果。

图 5.9　属性 Shadow Filter Sharpen（阴影滤镜锐化）不同取值的效果（左图取值为 0，右图取值为 1）

绝大部分参数是不需要修改的，默认即可，UE4 的默认设置已经是模拟真实太阳光的最优方案。更多属性的含义可以查阅官方文档，光照的设置大多来源于视觉感受，读者可以多尝试不同参数，通过对比效果积累经验。

5.2　点光源

点光源（Point Light）与现实世界中灯泡的工作原理类似。为了获得更好的性能，点光源简化为仅从空间中的一个点向各个方向均匀发光。

将一个点光源拖曳到场景中，放置在卧室书桌上的台灯内，如图 5.10 所示。

图 5.10 添加点光源

设置光源属性如下。

（1）光照强度（Intensity）——台灯的光照强度不用太高，系统默认是 5000，这里设置为 350。

（2）光照颜色（Light Color）——保持默认白色。

（3）Attenuation Radius（衰减半径）——表示光照在以这个值为半径的范围外开始衰减，系统默认是 1000，这里设置为 180。

（4）Source Radius（光源半径）——决定静态阴影的柔和度和反射表面上的光照外观。在这个例子中即为灯泡的大小，系统默认是 0，这里设置为 1.23。

（5）Source Length（光源长度）——设置光源的长度，光源的形状是两端具有半球的圆柱体，可以用于模拟灯管。这里模拟灯泡，所以保持默认设置 0 即可。

其他属性保持默认，细节（Details）面板的属性设置如图 5.11 所示。

图 5.11　点光源的细节（**Details**）**面板**

这里介绍一个重要的概念——IES Light Profiles（IES 光源概述文件），IES 光源概述文件是一条曲线，该曲线在一段弧线中定义了光源强度，UE4 将围绕某个轴旋转该弧线，从而使得点光源看上去投射了更加真实的光照，就像考虑到了灯具的反射表面、灯泡的形状及其他任何透镜效应一样。获得 IES 光源概述文件的最简单方法是前往制造商的网站下载，几乎所有的照明设备制造商都免费提供。比如 ERCO、Lithonia Lighting 和 Phillips 等公司，都提供了大量可供选择的光源概述文件。

为点光源添加光源概述文件，具体操作如下。

（1）将一个 IES 概述文件拖曳到内容浏览器中，或者通过使用内容浏览器上方的导入（**Import**）按钮导入一个 IES 概述文件。建议放置在 Assets → Textures 目录下。

（2）拖曳该光源概述文件到细节面板中 **Light Profiles**（光源概述文件）模块的 **IES Texture**（**IES** 贴图）插槽，如图 5.12 所示，把它分配该点光源。

（3）勾选 **Use IES Intensity**（使用 **IES** 强度），通过 **IES Brightness Scale**（**IES**

亮度缩放）滑块调整该光源概述文件的亮度。

图 5.12　细节面板的 Light Profiles（光源概述文件）模块

5.3　聚光源

聚光源（Spot Light）是从锥形空间中的一个单独的点发出光照。它为用户提供了两个锥体来塑造光源——内锥角（Inner Cone Angle）和外锥角（Outer Cone Angle）。在内锥角中，光源达到最大亮度，形成一个亮盘。而从内锥角到外锥角，光照会发生衰减，并在亮盘周围产生半影区（或者称为软阴影）。光源的半径定义了圆锥体的长度。简单地讲，聚光源的工作原理与手电筒或舞台聚光灯相同。

将一个聚光源拖曳到场景中，用作卧室的吸顶灯，如图 5.13 所示。

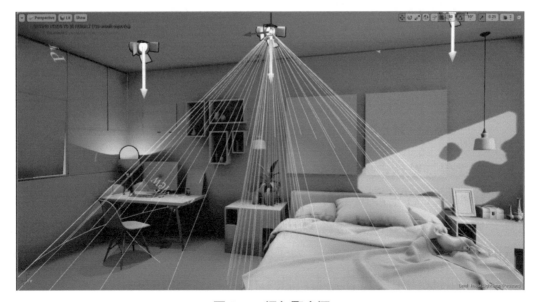

图 5.13　添加聚光源

设置光源属性如下。

（1）光照强度（Intensity）——保持系统默认 5000。

（2）光照颜色（Light Color）——保持默认白色。

（3）Inner Cone Angle（内锥角）——设置聚光源的内锥角，以度数为单位。如图 5.13 所示用蓝色标识，是光源最亮处。

（4）Outer Cone Angle（外锥角）——设置聚光源的外锥角，以度数为单位。如图 5.13 所示用绿色标识，表示光源的范围。

（5）Attenuation Radius（衰减半径）——沿着光照的方向衰减，系统默认是 1000。图 5.13 是取值为 300 的效果，图 5.14 是取值为 100 的效果。

图 5.14　聚光源的 Attenuation Radius（衰减半径）为 100 的效果

其他属性保持默认，细节（Details）面板的属性设置如图 5.15 所示。

在该样板间工程中，卧室有 6 个吸顶灯，阳台有 2 个吸顶灯，客厅有 6 个吸顶灯。将上述设置好的聚光源复制多次，具体操作是鼠标左键选中聚光源，按住 Alt 键的同时拖动该聚光源。为了将复制的光源放置在合适的位置，可以通过切换不同的视图角度进行查看。图 5.16 为顶视图时复制聚光源。

Light		
Intensity	5000.0	
Light Color		
Inner Cone Angle	0.0	
Outer Cone Angle	44.0	
Attenuation Radius	300.0	
Source Radius	0.0	
Source Length	0.0	
Temperature	6500.0	
Use Temperature	☐	
Affects World	☑	
Cast Shadows	☑	
Indirect Lighting Intensity	1.0	
Volumetric Scattering Intensity	1.0	

图 5.15　聚光源的细节（Details）面板

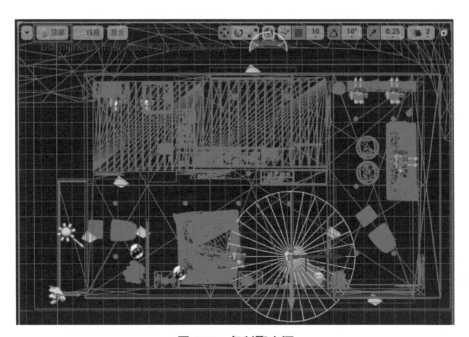

图 5.16　复制聚光源

当复制多次的时候，聚光源上面出现了大红叉，如图 5.17 所示。这是因为当前所有聚光源的移动性（Mobility）属性都是固定（Stationary），聚光源数量太多耗费资源所导致的。把该属性改为静态（Static）即可消除红叉。

图 5.17　聚光源出现红叉

5.4　天空光源

天空光源（Sky Light）可以获取场景中一定距离以外的部分（Sky Distance Threshold 距离以外的一切东西）并将它们作为光照应用于场景上。这意味着天空的视觉效果与它产生的光照 / 反射将会匹配，无论是干净的大气层还是遥远的群山。同时也可以指定一个 Cubemap。

将一个天空光源拖曳到场景中，放置在屋子外面，如图 5.18 所示。

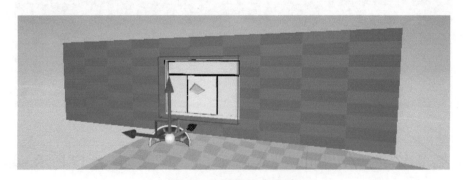

图 5.18　添加天空光源

设置光源属性如下。

（1）Source Type——有 SLS Captured Scene 和 SLS Specified Cubemap 两个取值。取值为 SLS Captured Scene 表示获取远距离的场景并用作于光照来源，任何距离当前天空光照位置超过 Sky Distance Threshold 的东西都将被包含；取值为 SLS Specified Cubemap 表示使用特定的 Cubemap。这里选择 SLS Specified Cubemap。

（2）Cubemap——选择 Assets → Textures 文件夹下的 Cubemap 文件。

（3）Intensity——发射光子的总能量。系统默认为 1，这里设置为 7。

其他属性保持默认，细节（Details）面板的属性设置如图 5.19 所示。

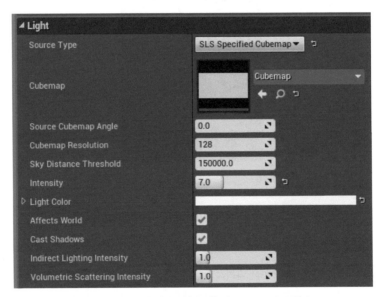

图 5.19 天空光源的细节（Details）面板

5.5 构建光照

当移动性（Mobility）取值为静态（Static）和固定（Stationary）时，有些光照效果需要构建光照才能看到。单击工具栏的构建（Build）按钮，弹出光照（Lighting）下拉菜单，如图 5.20 所示，选择第一项仅构建光照（Build Lighting Only）。需要等待一段时间完成构建。

图 5.20　光照（Lighting）下拉菜单

这里介绍一个重要的概念——Lightmass Importance Volume（灯光重要度体积），用来告诉虚幻引擎 Lightmass Importance Volume 所设置的范围内的场景需要构建光照，范围外的不需要。如果不设置 Lightmass Importance Volume，则引擎会为游戏的所有场景计算光照，即使有些部分没有几何体，这样既浪费时间也消耗资源。

具体操作是在模式（Modes）面板选择体积（Volume），在右侧面板中选择 **Lightmass Importance Volume**（灯光重要度体积），如图 5.21 所示。

将其拖曳到场景中，Lightmass Importance Volume 为黄线标识的立方体。调节黄线以包围整个样板间，如图 5.22 所示。这样，该黄线内为光照构建的范围，可节省渲染烘焙时间。

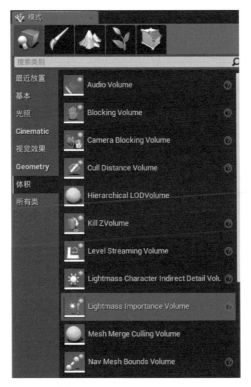

图 5.21　选择 Lightmass Importance Volume

图 5.22　设置 Lightmass Importance Volume 的范围

5.6　小结

UE4 中的灯光包括定向光源（Directional Light）、点光源（Point Light）、聚光源（Spot Light）和天空光照（Sky Light）4 种。本章首先介绍了这 4 种光源的共同属性——移动性（Mobility）的 3 种选项在光照效果和性能上的差异；然后分别介绍了这 4 种光源的设置和适用场景；最后介绍了构建光照操作以查看最终光照效果，以及一个节省时间和性能的方法，即设置 Lightmass Importance Volume（灯光重要度体积）。

第6章

后期处理

本章讲解如何进一步提升场景的视觉效果。首先为样板间营造一个真实的室外环境，其次介绍基于Post Process Volume（后期处理体积）的后期处理特效。

6.1　室外环境构建

为室外营造一个真实的环境，使得从阳台望出去的效果如图 6.1 所示。因为该样板间案例的重点是室内，所以这里室外环境只是一个环形的贴图，并不是树、山等真实模型，这样可以大大减少工作量。

首先，在房子周围创建一个环形的静态网格，如图 6.2 所示。

使用 Photoshop 等图像处理软件制作一张背景为透明的贴图，如图 6.3 所示，命名为"Tree_Background_Diffuse"，导入到 UE4 中，存储在 Assets → Textures 目录下。

图 6.1　从阳台望出去的室外环境效果图

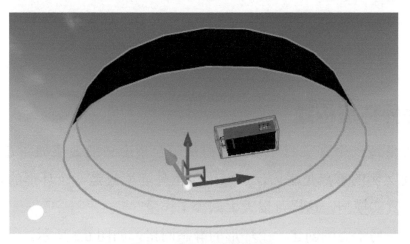

图 6.2　添加环形静态网格

图 6.3　室外环境贴图 Tree_Background_Diffuse

在 Assets → Materials 目录下新建材质，命名为 Background_Tree。将 Blend Mode（融合模式）设置为 Masked，细节（Details）面板设置如图 6.4 所示。

图 6.4　材质 Background_Tree 的细节（Details）面板

材质 Background_Tree 的代码如图 6.5 所示。有以下几点说明。

（1）添加 Texture Sample（纹理取样）节点，贴图选择 Tree_Background_Diffuse。

（2）Desaturation（去饱和度）节点是对其输入进行去饱和度，即根据特定百分比将其输入的颜色转换为灰色阴影。取值为 1 表示完全黑白，取值为 0 即该节点不起作用。这里由于贴图 Tree_Background_Diffuse 颜色太鲜艳，所以添加 Desaturation（去饱和度）节点，取值为 0.4，使得室外环境更真实。

（3）Constant3Vector（常量 3 向量）与去饱和度后的纹理取样相乘，用于调整纹理的颜色。

（4）名为 exposure 的 Constant（常量）节点用来调整自发光的亮度。

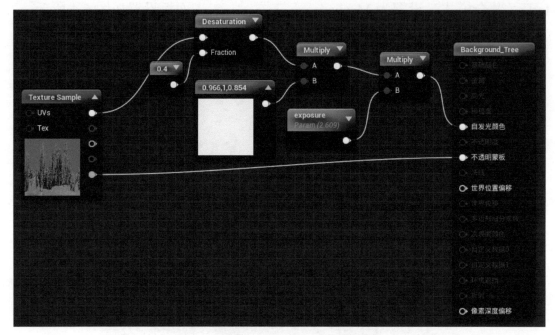

图 6.5　材质 Background_Tree 的代码

6.2　后期处理体积

后期处理体积（Post Process Volume）是一种特殊的体积，放置在场景关卡中。由于 UE4 不再使用后期处理链，所以这些体积目前是控制后期处理参数的唯一手段。

首先，添加 Post Process Volume（后期处理体积）。在模式（Modes）面板中找到视觉效果（Visual Effects）模块，选择第一项 Post Process Volume（后期处理体积），如图 6.6 所示。

将其拖曳到场景中，如图 6.7 中的黄线标识，通过在顶视图、左视图、透视视图等不同模式下调整 Post Process Volume 的尺寸，使其包围整个样板间。里面绿色标识的立方体为第 5 章中所创建的 Lightmass Importance Volume（灯光重要度体积）。

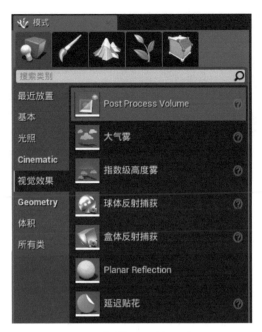

图 6.6　模式（Modes）面板的视觉效果（Visual Effects）模块

图 6.7　添加 Post Process Volume（后期处理体积）

　　下面介绍 Post Process Volume（后期处理体积）的参数设置。首先是 Post Process Volume Settings 和 Brush Settings 模块，设置如图 6.8 所示。

图 6.8　设置 Post Process Volume Settings 和 Brush Settings 参数

➢ Priority——当多个体积重叠时定义它们参与混合的次序。高优先级的体积会被更早计算。

➢ Blend Radius——该体积开始参与混合的起始位置。

➢ Blend Weight——该体积的影响权重。0 代表没有效果，1 代表完全的效果。

➢ Enabled——定义该体积是否参与后处理效果。被勾选表示该体积参与混合计算。

➢ Unbound——定义该体积是否考虑边界。被勾选表示该体积将作用于整个场景而无视边界；如果没有被勾选，该体积只在它的边界内有效。

➢ 画刷形状（Brush Shape）——允许选择各种形状，这里选择 box。

下面介绍几种常用的特效。

6.2.1　颜色分级

颜色分级（Color Grading）包含了色调映射功能和颜色校正功能。色调映射的功能是把大范围的 HDR（高动态范围）颜色映射为小范围的 LDR（低动态范围）颜色，以便显示器可以显示该颜色。这个过程是在后期处理过程正常渲染之后完成的。颜色校正功能是从 LDR 颜色到屏幕颜色的转换。

颜色分级（Color Grading）的参数如图 6.9 所示。

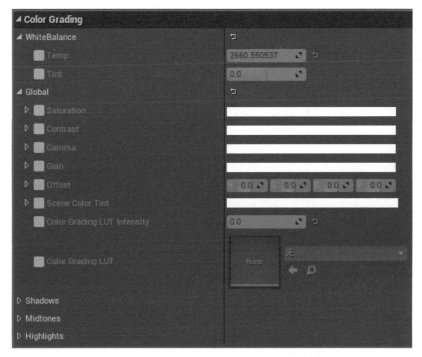

图 6.9   颜色分级（**Color Grading**）**参数**

第一项是 WhiteBalance（白平衡）。例如使用白平衡做海底的效果，要设置为蓝色，设置为暖色营造黄昏下的室内效果。注意，修改 Post Process Volume 的参数是对其所包围的范围产生统一特效。

Global 参数提供了饱和度、对比度、Gamma 校正等，与 Photoshop 中的参数含义相同。并且，针对场景中的全局和不同部分，虚幻引擎提供了不同的参数设置，包括 Shadows、Midtones 以及 Highlights。读者可以通过设置不同的参数查看效果来加深理解。其中，Scene Color Tint（场景着色）是应用为 HDR 场景颜色的过滤器颜色。

颜色校正是通过查找表（LUTs）来完成的。Color Grading Intensity（颜色分级强度）用来控制颜色校正效果的缩放因数。Color Grading LUT（颜色分级查找表）用于颜色校正查找表的 LUT 贴图。

6.2.2　自动曝光

自动曝光（Auto Exposure）是让场景自动曝光调整以重建犹如人眼从明亮环境进入黑暗环境（或相反）时所经历的效果。在虚幻引擎的 4.17 版本中，自动曝光参数位于细节（Details）面板的 Lens 模块下，如图 6.10 所示。需要说明的是，UE4 的版本不同，参数所在位置也可能不同。

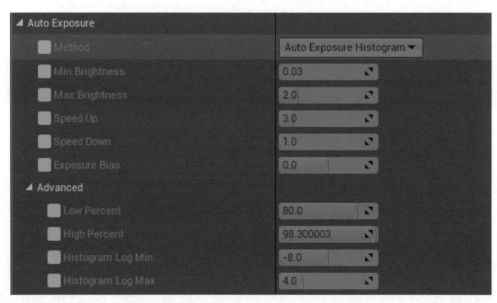

图 6.10　自动曝光（**Auto Exposure**）**参数**

常用参数解释如下。

➢ Method——选择用于自动曝光的方法，有 Auto Exposure Histogram 和 Auto Exposure Basic 两个选项。

➢ Min Brightness（最小亮度值）——用来限制人眼适应的亮度值下限，取值范围大于 0 且小于等于 Max Brightness（最大亮度值）。

➢ Max Brightness（最大亮度值）——用来限制人眼适应的亮度值上限，取值范围大于 0 且大于等于 Min Brightness（最小亮度值）。

➢ Speed Up（加速）——从黑暗环境到明亮环境后对环境的适应速度。

➢ Speed Down（减速）——从明亮环境到黑暗环境后对环境的适应速度。

➢ Low Percent（百分比谷值）——定义了为寻找平均场景亮度而设计的柱状图的百分比最小值，该值从场景颜色的亮度柱状图中提取。取值范围是 [0, 100]，在 70 ～ 80 的值能返回最佳效果。例如，80 表示忽略 80% 的黑暗区域。

➢ High Percent（百分比峰值）——定义了为寻找平均场景亮度而设计的柱状图的百分比最大值，该值从场景颜色的亮度柱状图中提取。取值范围是 [0, 100]，在 80 ～ 98 的值能返回最佳效果。

举例说明，自动曝光的方法选择"Auto Exposure Histogram"，假设 Low Percent 为 80%，High Percent 为 95%。现在我们搜寻柱状图，查找 A 和 B 两个值，满足以下条件：① 80% 的屏幕像素暗于亮度值 A ；② 95% 的屏幕像素暗于亮度值 B ；③ A 与 B 间的平均值为当前场景光照值。人眼适应于黑暗环境一般要花一段时间，所以设置了 Speed Up 和 Speed Down 两个值来进行调整。为使人眼不对非常黑暗或明亮环境完全适应，我们把人眼的适应值限定在 Min Brightness 和 Max Brightness 之间。

6.2.3 镜头眩光

镜头眩光（Lens Flares）特效是一种基于图像的技术，模拟在查看明亮对象时的散射光，目的是弥补摄像机镜头缺陷。在虚幻引擎的 4.17 版本中，镜头眩光参数位于细节（Details）面板的 Lens 模块下，如图 6.11 所示。

常用参数解释如下。

➢ Intensity（强度）——镜头眩光特效的强度。

➢ Tint（着色）——为整个镜头眩光特效着色。

➢ BokehSize（散景尺寸）——缩放散景形状的半径。

➢ Threshold（阈值）——定义构成镜头眩光像素的最小亮度值。更高的阈值会保留因太暗而无法看见的内容，使其变得不模糊。

➢ BokehShape（散景形状）——定义镜头眩光形状的贴图。

➢ Tints（镜头眩光着色）——对每个单独的镜头眩光着色，共有 8 个镜头。

图 6.11　镜头眩光（Lens Flares）参数

6.2.4　景深

景深（Depth of Field，DOF）是基于焦点前后的距离对场景进行模糊处理，是对真实摄像机功能的模拟。景深效果可调动观察者的注意力，渲染出照片和电影的效果。UE4 有散景、高斯和圆圈 3 种获得景深效果的方法。散景是在照片和影片中当物体不在焦距中时看到的效果。散景法为每个使用纹理的像素渲染带纹理的四边形，定义效果的形状，替代摄像机镜头产生的效果，为场景带来电影一般的画面感。该方法性能消耗较高，主要应用对象为过场动画和展示，因为在这些情形下漂亮的视觉效果比性能更重要。高斯景深通过标准高斯模糊对场景执行模糊。高斯法快捷，适合在游戏中使用，可维持较好的性能。圆圈景深是新添加的功能，与真实摄像机接近。与散景相似，圆形常伴随锐化的 HDR 内容。

在虚幻引擎的 4.17 版本中，景深参数位于细节（Details）面板的 Lens 模块下，如图 6.12 所示。

图 6.12 景深（**Depth of Field**）**参数**

常用参数解释如下。

➢ Method——选择用于模糊场景的方法，有散景（BokehDOF）、高斯（GaussianDOF）和圆圈（CircleDOF）共 3 个选项。

➢ Focal Distance——与作为区域中心的摄像机之间的距离。在此距离内，场景完全处于焦距中，不会出现模糊。

➢ Depth Blur Radius——景深虚化半径。

➢ Focal Region——在此区域内，场景完全处于焦距中，不会出现模糊。

➢ Near Transition Region——从焦距区较近一边到摄像机之间的距离。如果使用的是高斯景深，那么场景将从聚焦状态过渡到模糊状态。

➢ Far Transition Region——从焦距区较远一边到摄像机之间的距离。如果使用的是高斯景深，那么场景将从聚焦状态过渡到模糊状态。

➢ Scale——散景法模糊的整体比例因子。

➢ Max Bokeh Size——散景法模糊的最大尺寸（以视图宽度的百分比计），性能消耗按尺寸乘以尺寸计算。

➢ Near Blur Size——高斯法近景模糊的最大尺寸（以视图宽度的百分比计），性能消耗按尺寸计算。

➢ Far Blur Size——高斯法远景模糊的最大尺寸（以视图宽度的百分比计），性能消耗按尺寸计算。

注意，如果项目输出是在计算机屏幕上展示，那么设置景深可以获得更真实的三维效果。如果是输出到基于 HTC Vive 或 Oculus 等的虚拟现实设备，则不要使用景深，因为输出本身自带景深效果。此外，景深设置本身是消耗计算机性能的。

6.3 小结

本章讲解了如何提升场景的视觉效果的后期处理操作。首先以一个环形的贴图为样板间，营造出一个真实的室外环境。对于不是很重要的场景部分，我们常常使用贴图而非建模来实现，这样更加省时省力。然后介绍了基于 Post Process Volume（后期处理体积）的后期处理特效，包括颜色分级、自动曝光、镜头眩光和景深 4 个部分，通过模拟人的视觉来弥补摄像机镜头的缺陷，以营造更真实的虚拟环境。

第7章
虚拟现实硬件接口

目前，UE4已支持大量VR头戴设备与控制器，包括HTC
Vive、Oculus Rift、Google VR、三星Gear VR等。开发者无
需执行复杂的操作，只需要简单地设置，打开虚幻编辑器确保VR
设备与开发电脑正常连接后即可开始工作。本章介绍如何设置可在
HTC Vive和Oculus Rift这两大当前主流的VR设备上使用的UE4
项目。

7.1 SteamVR 开发

SteamVR（Steam Virtual Reality）提供功能完善、360 度视角的 VR 体验。
SteamVR 提供 Lighthouse 追踪系统和两个无线单手控制器，在真实环境中的运
动、位置和旋转将被精确追踪并导入 VR 环境，使用户能够与 VR 环境中的物
体进行精确互动。SteamVR 与其他 VR 系统的主要区别在于：SteamVR 使用激
光追踪站跟踪用户在真实世界中的行为，而不是使用摄像机进行跟踪并将数据
转化到虚拟世界中。

UE4 现已完全支持最新的 SteamVR。与其他 VR 集成不同的是，SteamVR
不仅包含全新 HTC Vive 头戴设备的代码，而且包括用于支持 Steam 控制器和
Steam Lighthouse 基站的代码。下面介绍如何结合 UE4 使用 SteamVR。

7.1.1　SteamVR 初始设置

SteamVR 设置如下。

（1）将 HTC Vive 头戴显示器（Head-mounted display，简称 HMD）、Steam 控制器、接线盒和 Lighthouse 基站连接好。清理出 4m×3m 的空旷区域，用于用户走动。将 Lighthouse 基站放置在该空旷区域对角线的两端，打开电源进行设置。

（2）在开发电脑上下载并安装 Steam 客户端，创建 Steam 账号并登录。

（3）安装 SteamVR 工具：打开 Steam 客户端，鼠标悬停在**库（Library）**选项上，然后在弹出菜单中选择**工具（Tools）**选项，如图 7.1 所示。

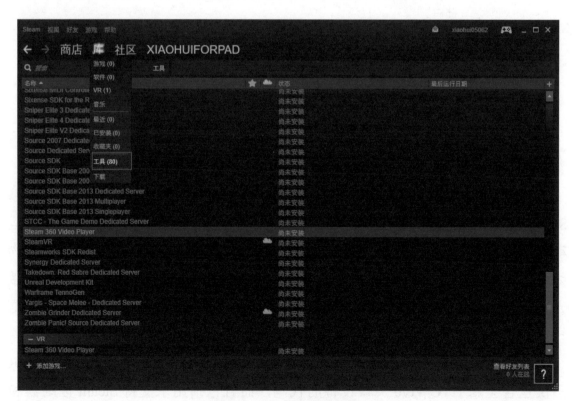

图 7.1　Steam 客户端界面

在工具（Tools）界面中时，使用顶部搜索条搜索 SteamVR。找到 SteamVR 后，双击弹出安装对话框，如图 7.2 所示，下载安装。

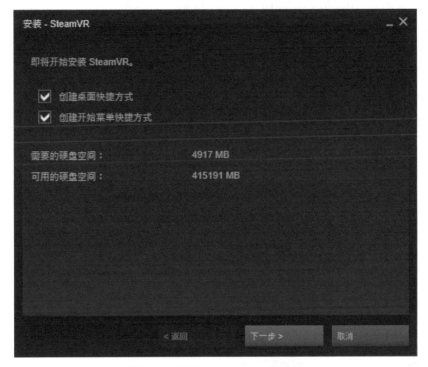

图 7.2 安装 - **SteamVR** 对话框

（4）在工具（Tools）菜单中双击"SteamVR"选项启动 SteamVR 工具，或者使用桌面的快捷方式启动，如图 7.3 所示。以绿色显示所有设备时，表示所有设备都正常工作。

图 7.3 启动 **SteamVR** 工具

如果显示"未就绪"，也就是出现灰色的设备，表示此设备存在问题。将鼠标悬停在灰色设备上查看问题所在以及可能的解决方法。

（5）通常 UE4 使用 SteamVR 之前，必须对 SteamVR 互动区域进行设置。设置方法为在 SteamVR 窗口上单击右键，选择运行房间设置（**Run Room Setup**），如图 7.4 所示，然后根据提示设置 SteamVR 互动区域即可，这里不再赘述。

图 7.4　运行房间设置

7.1.2　基于 SteamVR 的 UE4 设置

本节讲述如何设置可在 SteamVR 上使用的 UE4 项目，首先保证使用的是 UE4.8 或更高版本。具体操作如下。

（1）新建一个空白蓝图项目，硬件设为移动设备 / 平板电脑（**Mobile/ Tablet**），图像设为可缩放的 **3D** 或 **2D**（**Scalable 3D or 2D**），并选择没有初学者内容（**No Starter Content**）。

如果是已经创建好的项目，要从 PC 端运行的 UE4 项目转换到 SteamVR

平台上运行，可在菜单栏中选择编辑（Edit），在下拉菜单中选择项目设置（Project Settings），在弹出的项目设置对话框中选择目标硬件（Target Hardware）进行设置，如图 7.5 所示。注意，修改参数后需要重启编辑器。

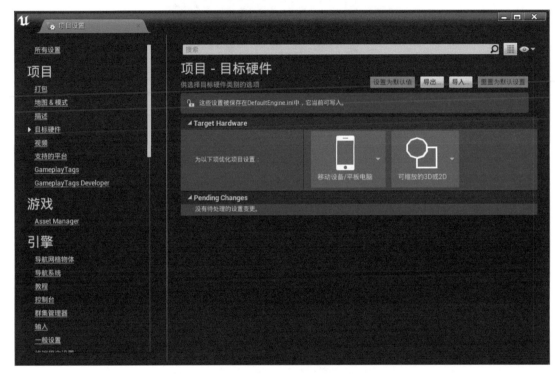

图 7.5　项目设置中的"目标硬件"

（2）项目载入后，单击主菜单中播放（Play）按钮旁的小三角形，在出现的菜单中选择虚拟现实预览（VR Preview）选项，如图 7.6 所示。当 VR 头戴设备设置正确时，即可看到显示的基础关卡。

如果 HTC Vive 头戴显示器（HMD）无法正常工作，请检查 Plugins 部分。在菜单栏中选择编辑（Edit），在下拉菜单中选择 Plugins，在弹出的 Plugins 对话框中搜索 SteamVR，确定 SteamVR 插件的 Enabled 勾选框处于表示已启用的选中状态，如图 7.7 所示。

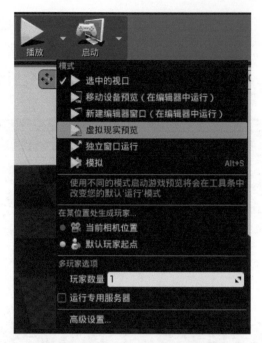

图 7.6　播放（Play）的下拉菜单

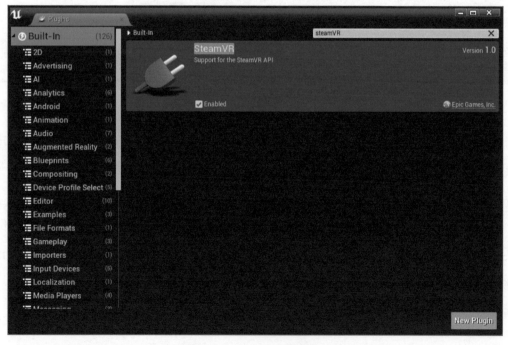

图 7.7　Plugins 对话框

（3）确定头戴显示器（HMD）可正常使用后，在内容浏览器的 Blueprints 文件夹中单击右键，从创建基础资源（Create Basic Asset）模块中选择蓝图类（Blueprint Class）选项，如图 7.8 所示。

图 7.8 内容浏览器（Content Browser）的右键弹出菜单

（4）在弹出的选择父类（Pick Parent Class）对话框中搜索和创建 Pawn 和 GameMode 两个蓝图节点，如图 7.9 所示，并对其分别命名为 "VR_Pawn" 和 "VR_GameMode"。

图 7.9　选择父类（Pick Parent Class）**对话框**

（5）鼠标双击打开 **VR_GameMode** 蓝图，在 **Classes** 模块中将 **Default Pawn Class** 设置为新建的 **VR_Pawn**，如图 7.10 所示。

（6）在菜单栏中选择窗口（**Window**），在下拉菜单中选择世界设置（**World Settings**），如图 7.11 所示。

这时世界设置（**World Settings**）面板出现在细节面板的右侧，在世界设置（**World Settings**）面板中将 **Game Mode** 模块下的 **GameMode Override** 改为 **VR_GameMode**，如图 7.12 所示。

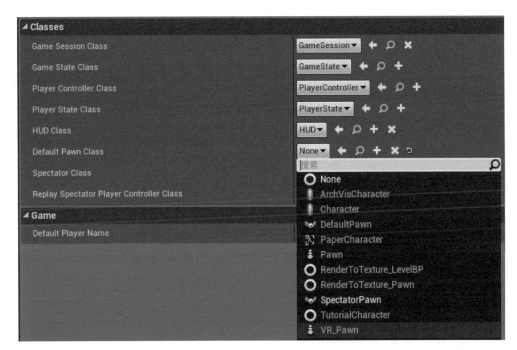

图 7.10　VR_GameMode 蓝图设置

图 7.11　窗口（Window）下拉菜单

图 7.12　世界设置（World Settings）面板

（7）打开 VR_Pawn 蓝图，单击类默认值（Class Defaults）面板中的
Camera 模块将 Base Eye Height 设为 0.0，如图 7.13 所示。

图 7.13　VR_Pawn 蓝图设置

（8）在 VR_Pawn 蓝图的组件（Components）面板中添加 SteamVRChaperone 和 Camera 组件，将摄像机（Camera）的 Transform Location 设为 0,0,0。

（9）在内容浏览器中回到 Content → Maps 目录，双击打开关卡，选择地面静态网格体，将 X、Y、Z 轴位置设为 0,0,0，如图 7.14 所示。

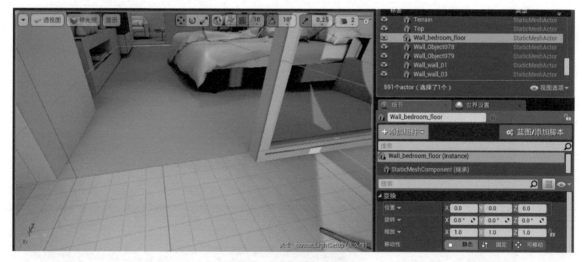

图 7.14　设置地面的位置

（10）选择并放置玩家出生点，使其中心位于地面静态网格体的正上方。在世界场景中任意地点生成玩家是游戏中非常重要的一个功能。UE4 利用一个特殊 Actor 来实现此功能，称之为玩家出生点（Player Start）。玩家出生点就是指在游戏世界场景中玩家开始游戏的地点。在 Modes（模式）面板中 Basic（基本）类目下的找到玩家起始（Player Start）Actor，如图 7.15 所示。

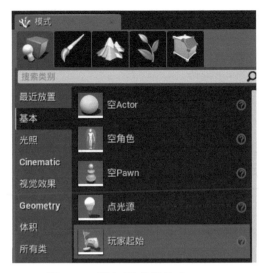

图 7.15 添加玩家出生点 Actor

将其拖曳到游戏世界场景即可完成放置，同时将玩家生成点的 Z 轴高度设置为 1.0 厘米。注意，要避免玩家出生点和关卡中任意类型的几何体相交。

（11）使用**虚拟现实预览（VR Preview）**按钮运行关卡，戴上 HMD 后即可进行漫游。

7.2 Oculus Rift 开发

Oculus Rift 是一种头戴显示器（HMD），可使用户在进行观看或游戏时获得身临其境的游戏体验。

7.2.1 Oculus Rift 初始设置

本节介绍如何设置 Oculus Rift，使其可结合 UE4 使用。具体包括以下设置。

（1）访问 Oculus 设置页面下载 Oculus 软件，按照提示步骤进行安装即可。注意，在安装过程中，程序将要求用户安装来自 Oculus VR、LLC 的设备软件。显示此询问后，按下“安装”按钮继续安装。

（2）创建 Oculus 账户并登录。

（3）Oculus 软件安装完成后，将出现 Rift 设置画面，根据提示步骤设置 Rift 即可。

7.2.2　基于 Oculus Rift 的 UE4 设置

本节讲述如何设置可在 Oculus Rift 上使用的 UE4 项目。

（1）UE4 启动程序中下载并安装虚幻引擎 4.11.1 或更高版本。早期版本的 UE4 无法对 Oculus 库的发布版本进行编译。

（2）新建一个空白蓝图项目，硬件设为**移动设备 / 平板电脑（Mobile/ Tablet）**，图像设为**可缩放的 3D 或 2D（Scalable 3D or 2D）**，并选择**没有初学者内容（No Starter Content）**。与基于 SteamVR 的硬件设置相同。

（3）虚幻引擎将自动使用插入电脑的 Oculus Rift。在菜单栏中选择**编辑（Edit）**，在下拉菜单中选择 **Plugins**，在弹出的 Plugins 对话框中搜索"OculusVR"，确定 OculusVR 插件的 **Enabled** 勾选框处于表示已启用选中状态，如图 7.16 所示。

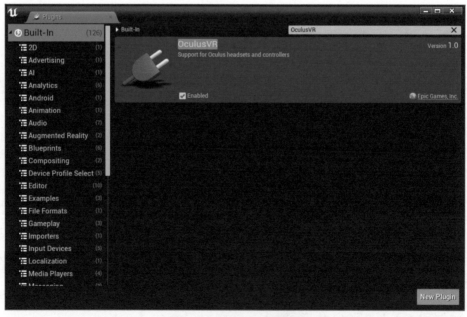

图 7.16　Plugins 对话框

（4）启动 UE4 后，在主菜单中将播放（Play）选项从默认的选中的视口（Selected Viewport）设为虚拟现实预览（VR Preview），然后戴上 Rift。若看到的画面与图 7.17 类似，即为设置正确。

图 7.17　Oculus Rift 头戴显示器中的画面样例

7.3　小结

本章介绍了如何将 UE4 开发的系统与虚拟现实硬件相连，具体涉及两大主流的 VR 设备 HTC Vive 和 Oculus Rift。SteamVR（Steam Virtual Reality）平台包含全新 HTC Vive 头戴设备、支持 Steam 控制器和 Steam Lighthouse 基站的代码。这里分别介绍了如何设置可在 SteamVR 和 Oculus Rift 上使用的 UE4 项目，UE4 提供了成熟的接口，开发者只需要简单的设置即可与 VR 设备相连。UE4 支持大量 VR 头戴设备与控制器，除了 HTC Vive 和 Oculus Rift，还包括 Google VR、三星 Gear VR 等，具体连接操作可查阅相关文档。

第8章
项目发布

本章介绍了项目发布相关的设置，包括打包处理、编译配置等，同时还展示了样板间的最终效果。

8.1 发布设置

在将 UE 项目发布给用户之前，必须对项目进行正确的打包处理。打包处理确保所有的代码及内容都是最新的，并且具有可以在目标平台上运行的正确格式。

在文件（File）主菜单中，选择打包项目（Package Project）选项，弹出子菜单，如图 8.1 所示。该子菜单显示了所有目标平台。打包的目的是为了测试整个项目而不是一个单独的关卡，或者是为了发布项目而准备。本项目样板间案例只有一个关卡。

图 8.1 打包项目（Package Project）子菜单

选择一个平台，这里选择 Windows，弹出选择目标目录的对话框。确认目标目录后，将启动针对选中平台打包项目的实际过程。由于打包过程非常耗时，所以这个过程是在后台执行的，在此过程中可以继续使用编辑器。

在编辑器右下角有一个状态指示器来显示打包进度，如图 8.2 所示。单击 Cancel（取消）按钮可以取消当前激活的打包过程。单击 Show Output Log（显示输出日志）链接，可以显示扩展的输出日志信息。如果打包过程没有成功，输出日志可用于查找问题根源。其中，最重要的日志信息（比如错误和警告）会记录到 Message Log（消息日志）窗口中。

在主菜单中单击文件（File）→打包项目（Package Project）→打包设置（Packaging Settings），如图 8.3 所示，可以进行打包功能的高级配置。

图 8.2　打包项目状态指示器

图 8.3　打包设置（Packaging Settings）对话框

其中，Build Configuration（编译配置）是编译基于代码的项目所使用的编译配置。如果进行调试，那么选择 DebugGame（调试）；如果大部分时候是进行开发，需要少量的调试支持，但是需要具有较好的性能，那么选择 Development（开发）；如果发布最终版本，那么选择 Shipping（发行）。

Staging Directory（暂存目录）是打包文件的目录。

Full Rebuild（完全重新编译）表示是否重新编译所有的代码。如果禁用该项，则仅编译已经修改的代码，会加快打包过程。对于发行版本，最好完全重新编译，确保内容是最新的。

Use Pak File（使用包文件）是选择将项目资源打包成单独的资源还是打包成一个包。如果启用该项，那么所有资源将会被放到一个单独的 .pak 文件中。

如果项目有大量资源文件，那么使用一个包文件可能会让发布过程更简单。该
选项默认是被勾选的。

8.2 效果展示

最终样板间效果如图 8.4 所示。

（a）

（b）

图 8.4 最终样板间效果

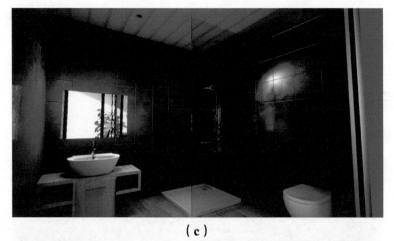

（c）

（d）

（e）

图 8.4　最终样板间效果（续）

8.3 小结

本章首先介绍了项目打包的具体操作和注意事项，确保所有的代码及内容都是最新的，并且具有可以在目标平台上运行的正确格式，然后展示了样板间的最终游览效果。至此，一个简单的样板间虚拟现实游览项目就完成了。相信读者在这个过程中已经掌握了 UE4 的基础知识，之后能够独立完成小规模的虚拟现实项目，同时也为后续的进阶学习打下了基础。